舞墨艺术

Photoshop CS5

从入门到精通

主　编　朱戎墨　耿晓武

副主编　朱　霞　高秀虹　胡　宁

中国水利水电出版社
www.waterpub.com.cn

内 容 提 要

本书通过大量的实例讲解了 Photoshop CS5 软件的功能和使用方法；介绍了在实际设计应用中所必须具备的基础知识；分步讲解了每一个案例的制作过程。本书包含 8 个部分，分别是 Photoshop 简介、Photoshop 工具箱、工具应用、photoshop 中的常用工具菜单、色彩模式、图层和通道、滤镜以及综合实例。读者可以根据图解和说明文字深入了解使用方法和实用技巧，快速掌握 Photoshop CS5 软件。

本书可作为院校相关专业教材使用，也可作为艺术设计专业人士、计算机图形图像处理人员和计算机爱好者自学和参考教程使用。

图书在版编目（ＣＩＰ）数据

Photoshop CS5从入门到精通 / 朱戎墨，耿晓武主编
-- 北京 ：中国水利水电出版社，2011.12
（舞墨艺术）
ISBN 978-7-5084-9344-2

Ⅰ．①P… Ⅱ．①朱… ②耿… Ⅲ．①图象处理软件，
Photoshop CS5 Ⅳ．①TP391.41

中国版本图书馆CIP数据核字(2011)第281415号

书　　名	舞墨艺术 **Photoshop CS5 从入门到精通**
作　　者	主编 朱戎墨 耿晓武 副主编 朱霞 高秀虹 胡宁
出版发行	中国水利水电出版社 （北京市海淀区玉渊潭南路 1 号 D 座　100038） 网址：www.waterpub.com.cn E-mail：sales@waterpub.com.cn 电话：（010）68367658（发行部）
经　　售	北京科水图书销售中心（零售） 电话：（010）88383994、63202643、68545874 全国各地新华书店和相关出版物销售网点
排　　版	北京时代澄宇科技有限公司
印　　刷	北京鑫丰华彩印有限公司
规　　格	210mm×285mm　16 开本　13 印张　366 千字
版　　次	2011 年 12 月第 1 版　2011 年 12 月第 1 次印刷
印　　数	0001—3000 册
定　　价	**50.00 元（附光盘 1 张）**

第7章 滤镜

第1章

Photoshop 简介

随着计算机的普及和发展，人们对于常用软件的要求也不断提高。在计算机刚刚进入我国的时候，简单的文字排版和页面编辑非常流行。随着现阶段计算机逐渐普及和推广、数码相机的深入流行，人们对于图像的处理以及图像的质量也比以前有更高的要求，有种"旧时王谢堂前燕，飞入寻常百姓家"的感觉。Photoshop 是世界顶尖级的图像设计与制作工具软件。图像处理是对已有的位图图像进行编辑加工处理以及运用一些特殊效果，其重点在于对图像的处理加工。在表现图像中的阴影和色彩的细微变化方面或者进行一些特殊效果处理时，使用位图形式是最佳的选择，它在这方面的优点是矢量图无法比拟的。

本章要点：
- 认识 Photoshop
- 界面和基本操作
- 基础理论知识
- 新增功能

1.1 认识 Photoshop

Photoshop 是由美国的 Adobe 公司开发的图形处理系列电脑软件之一，主要应用于在图像后期处理、图像编辑、后期特效制作以及广告设计。

1.1.1 诞生

1987 年秋，美国密歇根大学博士研究生 Thomas Knoll 为了解决黑白图像在显示器上的显示问题，而编写了一段叫 Display 的程序，这就是后来 Photoshop 的雏形，最初的功能主要包括羽化、色彩调整、颜色校正等。后来 Adobe 公司买下了 Photoshop 的发行权，并于 1990 年 2 月正式推出了 Photoshop 1.0。当时的 Photoshop 只能在苹果机（Mac）上运行，功能上也只有工具箱和少量的滤镜，但它的推出却在当时产生了轰动的作用，对整个计算机图像处理领域的发展起到重要的作用。

1.1.2 版本发展

1987 年最初的 Display 程序，软件启动界面如图 1.1 所示。

1990 年 2 月，由 Adobe 公司正式推出了 Photoshop 1.0 版本，软件启动界面如图 1.2 所示。

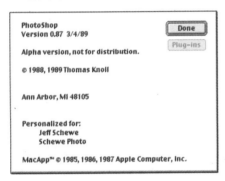

图 1.1　Photoshop 0.87

图 1.2　Photoshop 1.0.7

时隔一年后的 1991 年，Adobe 公司推出了 Photoshop 2.0，相对以前版本增加了路径功能，支持栅格化 Illustrator 文件，支持 CMYK 图像模式，启动界面如图 1.3 所示。

1993 年 2 月，Adobe 公司决定开发支持 Windows 版本，代号为 Brimstone，而 Mac 版本为 Merlin。奇怪的是正式版本编号为 2.5，这和普通软件常规发行序号不同，因为小数点后的数字通常留给修改升级。这个版本增加了选项面板和 16 位文件支持。2.5 版本主要特性通常被公认为支持 Windows。软件启动界面如图 1.4 所示。

图 1.3　Photoshop 2.0.1

图 1.4　Photoshop 2.5

1995 年 3 月，Adobe 公司正式推出了 3.0 版本。该版本最大的变化就是增加了图层工具，Mac 版本在 1994 年 9 月发行，而 Wins 版本在 11 月发行。尽管当时有另外一个软件 Live Picture 也支持 Layer 的概念，而且业界当时也有传言 Photoshop 工程师抄袭了 Live Picture 的概念。实际上 Thomas Knoll 很早就开始研究 Layer 的概念。软件启动界面如图 1.5 所示。

1996 年的版本发展为 4.0，新版本主要改进的是用户界面。Adobe 公司在此时决定把 Photoshop 的用户界面和其他 Adobe 公司产品统一化，此外程序使用流程也有所改变。新版本增加了动作、调整图层和标明版权的水印图像。软件启动界面如图 1.6 所示。

图 1.5　Photoshop 3.0　　　　　　　　　　图 1.6　Photoshop 4.0

　　1998 年 5 月，新的版本 5.0 正式发行。新版本增加了历史记录调板、图层样式、撤销功能、垂直书写文字等。从 5.02 版开始，Photoshop 首次向中国用户提供了中文版。软件启动界面如图 1.7 所示。

　　随后又发布的 Photoshop 5.5 中，首次捆绑了 ImageReady，从而填补了 Photoshop 在 Web 功能上的不足。软件启动界面如图 1.8 所示。

图 1.7　Photoshop 5.0　　　　　　　　　　图 1.8　Photoshop 5.5

　　2000 年 9 月，Adobe 公司推出了 6.0 版本。在新版本中增强了 Web 工具、矢量绘图工具，并增强了图层管理功能。软件启动界面如图 1.9 所示。

　　2002 年 3 月，Adobe 公司推出了功能强大的 7.0 版本。增强了数码图像的编辑功能。如数码相机功能 EXIF 数据、文件浏览器等。软件启动界面如图 1.10 所示。

　　2003 年 9 月 Adobe 公司给大家一个惊喜，新版本 Photoshop 不叫 8.0 而改称为 Photoshop Creative Suite。CS 版本把其他几个软件集合并进行改进并成为 CS 的一部分，更多新功能为数码相机而开发，如智能调节不同地区亮度、镜头畸变修正等。软件启动界面如图 1.11 所示。

　　2005 年，Adobe 公司推出了 Photoshop CS2，增加了消失点、Bridge、智能对象、污点修复画笔工具、红眼工具等。软件启动界面如图 1.12 所示。

图 1.9　Photoshop 6.0

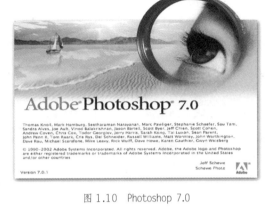

图 1.10　Photoshop 7.0

图 1.11　Photoshop CS

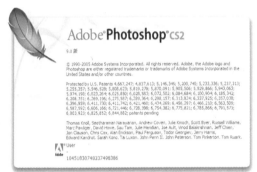

图 1.12　Photoshop CS2

2007 年，Adobe 公司推出了 Photoshop CS3，增加了智能滤镜、视频编辑功能、3D 功能等，此外，软件界面进行了重新的布局和设计。软件启动界面如图 1.13 所示。

2008 年 9 月，Adobe 公司推出了 Photoshop CS4，增加了旋转画布、绘制 3D 模型、CPU 显卡加速等功能。软件启动界面如图 1.14 所示。

图 1.13　Photoshop CS3

图 1.14　Photoshop CS4

2010 年 4 月，Adobe 公司推出了 Photoshop CS5，主要是增强了抠图及网页制作上的功能。包括调整边缘、内容识别填充、内容识别修补、操控变形、绘制更新、混合器笔刷等。软件启动界面如图 1.15 所示。

Photoshop CS5 有两个版本：扩展版 Photoshop CS5 Extended 和标准版 Photoshop CS5。扩展版除了包括标准版的所有功能外，还添加了用于处理

图 1.15　Photoshop CS5

3D 动画和高级图像分析等工具。标准版适用于摄影和印刷人员，扩展版适用于视频、网页设计、跨媒体设计人员等。

1.1.3 应用领域

Photoshop 是目前最为优秀的图像编辑和图像后期处理的软件，应用的领域十分广泛，不论是在平面设计、桌面排版、网页设计、装潢设计还是数码艺术设计上，Photoshop 都发挥着重要的作用。具体的使用本书将在后面进行讲解和说明。

1.1.4 软件安装

1. 安装系统

对安装系统要求见表 1.1。

表 1.1 安 装 系 统 要 求

系统	Windows	Mac OS
处理器	Intel 4 或 AMD Athlon64 处理器	Intel 多核处理器
版本	Windows XP 以上	Mac OS 10.5.7 以上
内存	1GB 以上	1GB 以上
硬盘	1GB 以上的硬盘空间	2GB 以上的硬盘空间
显卡	256M 以上显存	256M 以上显存

2. 安装过程

（1）双击 Photoshop CS5 安装目录下的 Setup.exe 文件，运行安装程序，系统初始化。初始化完成后，出现如图 1.16 所示界面。单击"接受"按钮。

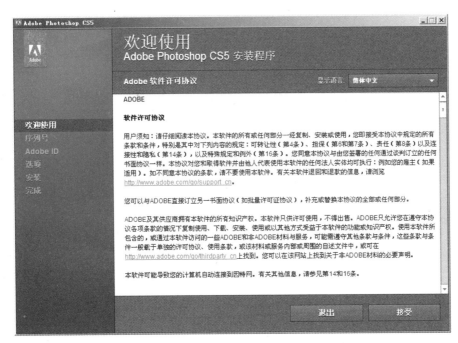

图 1.16 查看安装协议

（2）单击"接受"按钮后，输出软件安装的序列号，单击"下一步"按钮，出现如图 1.17 所示界面。可以创建 Adobe ID，进行在线注册，也可以单击"跳过此步骤"按钮。

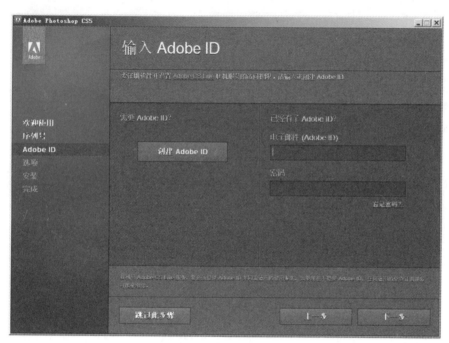

图 1.17　创建 Adobe ID

（3）单击"下一步"按钮，出现安装"选项"，如图 1.18 所示。可以设置和选择 Photoshop CS5 的安装位置。

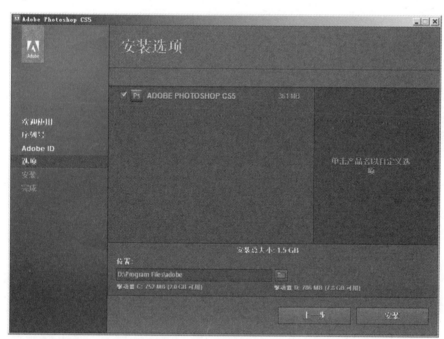

图 1.18　安装选项

（4）单击"安装"按钮，出现如图 1.19 所示界面。安装程序正在进行最后的安装过程，所需要的时间与系统配置有关。

（5）安装完成后，出现如图 1.20 所示界面。单击"完成"按钮，完成 Photoshop CS5 的安装。

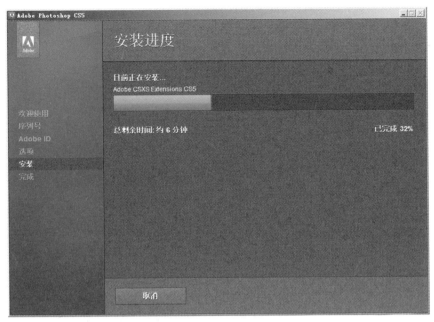

图 1.19　安装进度

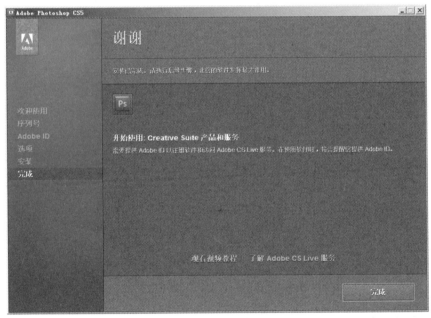

图 1.20　安装完成

3. 软件启动

Photoshop 软件安装完成后，默认在桌面上生成快捷方式，双击桌面快捷图标，
即可启动软件。

1.2　界面和基本操作

1.2.1　Photoshop 界面

Photoshop 的界面中包含程序栏、菜单栏、文档窗口、工具箱、工具选项栏以及
浮动面板等。如图 1.21 所示。

图 1.21　界面

（1）程序栏：位于界面的上方，可以直接访问 Bridge、切换工作区、显示参考线、网格等。还包括窗口的最大化、最小化和关闭等。如图 1.22 所示。

（2）菜单栏：各个操作命令的集合。包括文件、编辑、图像、图层、选择、滤镜等。

（3）工具选项栏：位于菜单栏下方，用于显示选择工具的属性信息。方便设置工具的参数。选择的工具不同，选项栏中的内容也不同。如图 1.23 所示。

图 1.22　程序栏

图 1.23　工具选项栏

（4）工具箱：默认时位于界面的右侧，包括 Photoshop 常用的操作工具。如创建选区、绘制工具、矢量工具、辅助工具等。单击　按钮，可以显示所有隐藏的工具，单击每个图标的右下角按钮，可以显示该组工具。如图 1.24 所示。

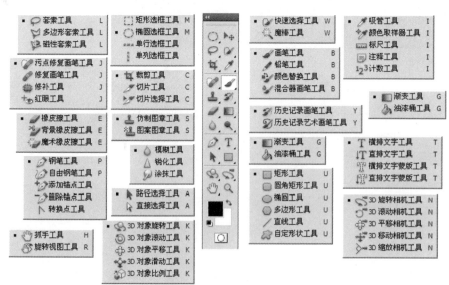

图 1.24　工具箱

（5）文档窗口：用于显示和编辑图像的区域。文档窗口上面显示文件名 . 文件格式 @ 显示比例（色彩模式 / 颜色位深），若当前文件中有未保存的信息时，后面显示 "*"。如图 1.25 所示。

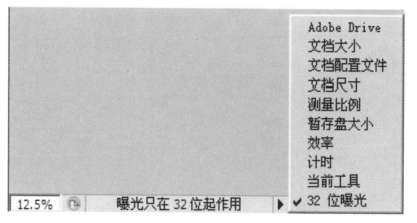

图 1.25　文档窗口信息

（6）浮动面板：是 Photoshop 中非常重要的辅助工具，通常位于界面的右侧，包括图层、通道、路径、历史记录、动作等面板。根据需要可以随意的进行组合。如图 1.26 所示。

状态栏：位于界面的下方，可以显示缩放比例、文档大小、文档尺寸和当前工具等。单击右侧的 ▶ 按钮，可以切换不同的显示方式。如图 1.27 所示。

图 1.26　浮动面板

图 1.27　状态栏显示内容切换

1.2.2　基本操作

1. 新建

（1）单击【文件】菜单 /【新建】命令或按 Ctrl+N 的组合键，弹出新建窗口。如图 1.28 所示。

（2）输入新建文件的名称，或在文件保存时输入名称。

（3）预设：从下拉列表中选择新建文件的基本尺寸类型。也可以选择自定义，根据实际需要手动输入尺寸。包括像素分辨率等。

（4）分辨率：新建文件的分辨率。根据实际需要。如印刷时，分辨率选择 300。

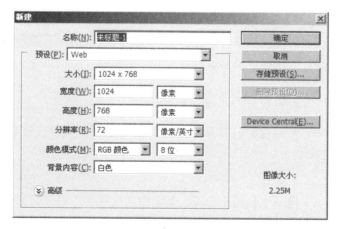

（5）颜色模式：从下拉列表中选择新建文件的颜色模式，新建文件为了后期印刷需要时，可以从中选择 "CMYK 颜色" 模式。

图 1.28　新建界面

2. 打开

单击【文件】菜单 /【打开】命令或按 Ctrl+O 的组合键，弹出打开窗口。如图 1.29 所示。如果需要选择多个文件，可以使用 Shift 或 Ctrl 组合键的方式，打开多个文件。

3. 使用 "在 Bridge 中浏览" 打开文件

单击【文件】/【在 Bridge 中浏览】命令，可以运行 Adobe Bridge 软件，在 Bridge

中，双击某个文件，就可以在 Photoshop 中将其打开。

4. 保存和另存为

单击【文件】/【存储】命令或执行【文件】/【存储为】命令，弹出另存为界面。可以选择存储的位置和文件格式。如图 1.30 所示。

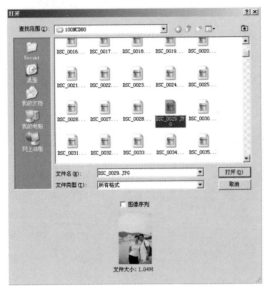

图 1.29　打开界面

图 1.30　另存为界面

可以从文件格式下拉列表中，选择存储的文件格式。

1.3　基础理论知识

为了更好地学习和使用 Photoshop 软件，需要大家掌握必要的 Photoshop 的理论知识。Photoshop 软件使用中，实践固然重要，但仍需要在一定的理论知识指导下进行。就如同驾驶汽车，熟练的动手操作固然重要，但需要在一定的交通规则理论的指导下进行，否则后果不堪设想。

1.3.1　位图与矢量图

平面设计软件按照工作方式与原理，生成或处理的文件类型可以分为位图和矢量图。

1. 位图

位图也称栅格图像，是由像素构成的。每个像素被分配到一个特定的位置和颜色值。它可以很好地反映明暗的变化、复杂的场景和颜色，它的特点是能表现逼真的图像效果，但是文件比较大，并且缩放时清晰度会降低并出现锯齿。

2. 矢量图

使用直线和曲线来描述的图形是矢量图，这些图形的元素是一些点、线、矩形、多边形、圆和弧线等等，它们都是通过数学公式计算获得的，所以矢量图形文件一般较小。矢量图形的优点是无论放大、缩小或旋转等都不会失真；缺点是难以表现色彩层次丰富的逼真图像效果，而且显示矢量图也需要花费一些时间。矢量图形主要用于插图、文字和可以自由缩放的徽标等图形。

1.3.2 像素与分辨率

1. 像素

像素是构成位图的最基本单位，位图由许多个大小相同的像素沿水平方向和垂直方向按统一的矩阵整齐排列而成。每个像素形状为矩形，根据实际需要进行缩放。一个像素只有一个固定的颜色。如果要制作渐变的颜色色带，像素不够肯定是实现不了的。

2. 分辨率

在不同的图形图像、文字等描述中，分辨率是一个被误解、混用得最多的概念之一。这是因为这个词能使用于各种不同的场合，而每个场合都有各自特定的含义。

分辨率根据不同的场合，主要分为设备分辨率、图像分辨率和输出分辨率。

（1）设备分辨率：是指常见支持图像生成或显示的设备的屏幕分辨率。是指构成该显示设备的像素水平和垂直像素的个数。如显示器的屏幕分辨率 1024×768 像素。

（2）图像分辨率：即单位面积内像素的个数。是指每英寸长度单位内能够容纳多少个像素。它用"像素 / 英寸"（Pixels/ inch）即 ppi 表示。如果一个 72×72Pixel 的图像，图像的尺寸是 2.54×2.54cm（1 英寸 =2.54cm），分辨率就是 72 ppi。在相同尺寸内，像素数目越多，分辨率越高，图像越细腻，图像也就越清晰。

（3）输出分辨率：是指打印机或者输出设备的输出分辨率，单位是 dpi（dot per inch）。所谓最高分辨率就是指打印机或输出设备所能输出的最大分辨率，也就是所说的输出的极限分辨率。输出的分辨率与制作文件的尺寸大小和精度有关。如印刷分辨率为 300dpi。喷绘 1 ～ 30m^2，分辨率为 45dpi。写真的分辨率一般为 72dpi。

1.3.3 文件格式

强大的 Photoshop 软件，支持非常多的图像格式，这为图像的后期处理提供了广阔的空间。

1. Psd

Psd 是 Photoshop 默认的存储图像格式，PSD 文件可以存储成 RGB 或 CMYK 模式，还能够自定义颜色数并加以存储，还可以保存 Photoshop 的图层、通道、路径等信息，方便存储后的再次编辑。

2. Jpg

Jpg 全称为 jpeg，是目前为止最为流行的一种文件格式。jpg 是一种有损压缩的图像格式，不适合存储为印刷的文件。可以提高或降低 jpg 文件压缩的级别。jpg 格式可在 10 ∶ 1 ～ 20 ∶ 1 的比率下轻松地压缩文件，而图片质量不会下降。

3. Tiff

Tiff 简称为 tif，是一种可以在不同的平台之间转换的文件格式。如 Mac OS 和 PC。Tif 格式可以制作质量非常高的图像，因而经常用于出版印刷。它可以显示上百万种颜色，通常用于比 GIF 或 JPEG 格式更大的图像文件。

4. Gif

Gif 原意是"图像互换格式"，支持连续色调和无损压缩格式，支持动画和透明背景图像。是网页中动画的默认保存格式。

5. Raw

Raw 图像就是 CMOS 或者 CCD 图像感应器将捕捉到的光源信号转化为数字信号的原始数据。Raw 文件是一种记录了数码相机传感器的原始信息，同时记录了由相机拍摄所产生的一些原数据（Metadata，如 ISO 的设置、快门速度、光圈值、白平衡等）的文件。Raw 是未经处理、也未经压缩的格式，可以把 Raw 概念化为"原始图像编码数据"或更形象的称为"数字底片"。不同的相机厂家定义的 Raw 格式有所不同。如佳能数码相机的为 CRW，尼康数码相机的为 NEF 等。

1.4 新增功能

Photoshop 软件每一次版本的更新都会发生很大的变化，特别是奇数版本。在 CS5 版本中增加的新功能会带给我们全新的震撼效果。

1.4.1 内容识别填充

在以前修复图像中多余的部分时，往往通过仿制图章、修补工具和修复画笔等。要重复执行，重复修饰才能将图片修好。在新版本中增加了功能非常强大的内容识别填充工具。

使用方法：

（1）打开一张图像，如图 1.31 所示。

（2）建立要修复区域的选区。可以使用套索工具，选区建立完成后，按组合键 Shift+F6，进行选区羽化。执行【编辑】/【填充】命令，填充内容选择"内容识别"。如图 1.32 所示。

（3）使用同样的方法，修复其他的区域。得到结果如图 1.33 所示。

图 1.31 打开原图

图 1.32 内容识别

图 1.33 最后结果

1.4.2 操控变形

操控变形是 Photoshop CS5 新增的图像变形功能。相比以前的网格变形有着更强大的图像变形功能。在使用时，只需要在图像的关键点上放置图钉，通过拖动图钉来实现对图像的变形操作。

使用方法：

（1）打开一张图像。根据实际需要将人物单独建立图层。如图 1.34 所示。

（2）执行图像菜单下的"操作变形"命令，默认时会在人物图像上显示变形网格，在属性栏中去掉"显示网格"复选框，在人物的关节处单击，添加图钉。如图 1.35 所示。

（3）单击选择图钉后，可以根据实际需要进行移动或旋转控制图钉。结果如图 1.36 所示。

（4）操作变形属性栏介绍（图 1.37）。

图 1.34　打开图像和建立图层

图 1.35　添加控制图钉

图 1.36　操作变形结果

图 1.37　操作变形属性栏

1）模式：分为正常、刚性和扭曲。选择刚性时，变形效果精确，但过渡不是很柔和；选择正常时，变形效果精确，过渡柔和；选择扭曲时，可以在变形的同时具有透视效果。

2）浓度：用于设置当选择显示网格时，网格点的多少。

3）图钉深度：选择一个图钉后，可以通过单击按钮，来设置在当前图层还是向下图层进行堆叠设置。

1.4.3　镜头校正

在新版本中增加的"镜头校正"功能可以查看图像的 EXIF 数据，Photoshop 根据使用的相机和镜头类型，可以轻易消除桶状或枕状变型、相片周边暗角图像，以及对造成边缘出现彩色光晕的色像差的错误进行修复，还可以修复倾斜的图像。

使用方法：

（1）打开一个图像文件，执行【滤镜】/【镜头校正】命令，弹出镜头校正界面。如图 1.38 所示。

图 1.38　镜头校正界面

通过左侧的 按钮，在页面中沿水平／垂直的区域绘制，可以纠正倾斜的图像。

右侧界面的"搜索条件"选项，从列表中选择与图像匹配的相机厂家和镜头类型，由 Photoshop 自动对图像进行校正。默认用于"几何扭曲"的校正。切换到 **自定** 选项后，可以对色差和晕影进行校正。

（2）根据实际需要进行校正。前后对比结果如图 1.39 所示。

图 1.39　镜头前后

1.4.4　强大的绘图效果

在新版本中借助混合器画笔，可以将照片变成绘画效果或创建艺术效果。

使用方法：

（1）打开图像文件，在工具箱中选择工具，在图层上新建图层。如图1.40所示。

图1.40　画笔使用选项

（2）通过切换不同的画笔工具，结合前景色在图层中涂抹。最后得到结果如图1.41所示。

1.4.5　合并到HDR

HDR的全称是High Dynamic Range，即高动态范围，比如所谓的高动态范围图像（HDRI）或者高动态范围渲染（HDRR）。动态范围是指信号最高和最低值的相对比值。目前的16位整型格式使用从"0"（黑）到"1"（白）的颜色值，但是不允许所谓的"过范围"值，比如说金属表面比白色还要白的高光处的颜色值。

图1.41　混合画笔效果对比

在HDR的帮助下，我们可以使用超出普通范围的颜色值，因而能渲染出更加真实的3D场景。也许我们都有过这样的体验：开车经过一条黑暗的隧道，而出口是耀眼的阳光，由于亮度的巨大反差，我们可能会突然眼前一片白光看不清周围的东西了，HDR在这样的场景就能大展身手了。总之简单来说，HDR可以概括为：亮的地方可以非常亮；暗的地方可以非常暗；亮暗部的细节都很明显。

在Photoshop中，可以将曝光不同的多张图像统一合并到HDR，还可以将普通的图像调节成HDR色调。

1. 调节为 HDR 色调

打开图像，执行【图像】/【调整】/【HDR 色调】，启动 HDR 色调界面。如图 1.42 所示。

可以在预设下拉列表中选择风格，也可以通过下面的界面设置基本的参数。选择需要的风格和效果。最后结果如图 1.43 所示。

2. 合并到 HDR Pro

执行【文件】/【自动】/【合并到 HDR Pro】命令，在弹出的界面中，单击 浏览(B)... 按钮，在弹出的界面选择多张曝光不同的图像，单击 确定(0) 按钮。如图 1.44 所示。

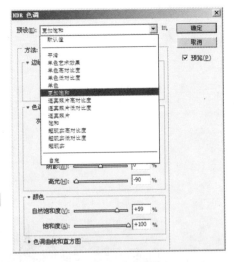

图 1.42　HDR 色调

图 1.43　前后色调对比

根据实际需要，选择预设选项或从下面的选项中单独进行调节。单击 确定(0) 按钮，完成 HDR 色调的合并操作。

1.5　本章小结

通过对 Photoshop 软件的讲解和介绍，为广大读者以后更好地学习和应用软件打下良好的基础。实际动手固然重要，但理论知识也不可缺少。因此软件的理论知识也需要读者认真学习。

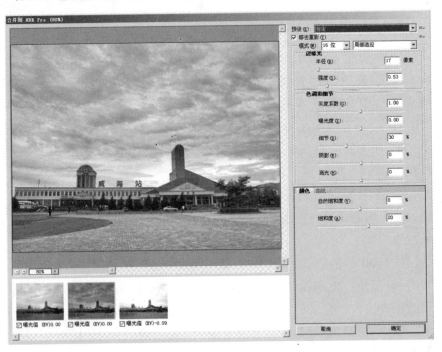

图 1.44　合并到 HDR

第2章

Photoshop 工具箱

在学习和使用 Photoshop 软件时，工具箱中的工具使用频率是非常高。对工具的了解和使用也是使用软件的基础。Photoshop 工具箱中包含了建立选区的工具、图像修饰工具、矢量工具、3D 对象操作工具、画笔工具、文字工具等。

本章要点：
- 工具的选择和使用
- 选择工具
- 修饰和绘画工具
- 矢量和文字工具
- 导航及 3D 工具

2.1　工具的选择和使用

选择工具是使用的前提，精确快速地选择工具是图像编辑的基础。

2.1.1　切换工具箱显示方式

默认情况下，工具箱位于界面的左侧。单击工具箱上方的 ▶▶ 按钮，可以切换工具箱的显示方式。如图 2.1 所示。

2.1.2　工具选择

单击工具箱中的一个工具即可以选择该工具，若工具图标的右下角有三角图标，表示该工具为一个工具组，按下鼠标左键不放或右击该工具，从弹出的屏幕菜单中来选择相应的工具即可。如图 2.2 所示。

图 2.1　工具箱
显示效果

图 2.2　工具选择

在选择工具的时候，会发现工具名称后面有一个字母。如：套索工具后面的"L"，那么L即是套索工具的快捷键，按下Shift+工具快捷键，可以在一组隐藏工具中循环选择各个工具。

2.2 选择工具

在Photoshop软件中，当需要对图像进行操作时，通常需要指定操作图层或建立选区。选择建立的是否精确将影响图像的编辑。

2.2.1 选框工具

选框工具快捷键为M，通常用于建立矩形或椭圆形选区以及单行/列选区。如图2.3所示。

1. 绘制正方形选区

在建立矩形选区时，按住Shift键可以生成正方形选区。若在绘制时按住Shift+Alt组合键时，可以绘制以单击点为中心的正方形。如图2.4所示。

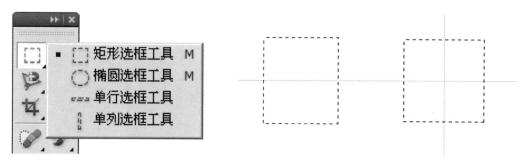

图2.3 选框工具　　　　　　　　图2.4 正方形选区和以单击点为中心的正方形

2. 绘制圆形选区

在建立椭圆选区时，按住Shift键可以生成圆形选区。若在绘制时按住Shift+Alt组合键时，可以绘制以单击点为中心的圆形。

3. 单行/列选框工具

在当前页面中用于快速生成单行/列的选区。方便快速选择一行/列的像素区域。

4. 属性栏说明（图2.5）

图2.5 属性栏

（1）样式：从下拉列表中选择选区建立的样式，可以通过后面的宽度和高度文本框中输入建立选区的尺寸大小。生成固定尺寸的选区。

（2）调整边缘：当建立选区后，可以单击 调整边缘... 按钮，启动智能边缘识别工具。后面详细讲解。在此不再赘述。

2.2.2 移动工具

选框工具快捷键为V，若当前光标为其他工具时，按住Ctrl键时，光标状态自动切换到移动工具。移动工具主要用于当前选区或图层内容的移动。如图2.6所示。

图 2.6　属性栏

通过属性栏中的状态，可以控制选择的内容，分为图层或组。特别适用于图层较多时来选择图层或选择图层组。

2.2.3　套索工具

套索工具的快捷键为 L，按住鼠标左键不放或右击时，可以从中选择要使用的套索工具。套索工具通常用于建立不规则的选区。如图 2.7所示。

图 2.7　套索工具

1. 套索工具

通常用于创建自由选区。选择工具后，在页面中单击一直拖动，松开鼠标后，自动首尾连接。生成闭合选区。如图 2.8 所示。

2. 多边形套索

在页面中单击的点，生成多边形套索。双击左键完成闭合。如图 2.9 所示。

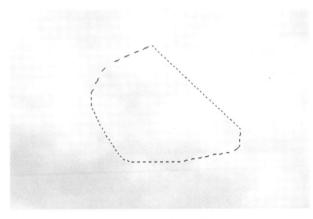

图 2.8　自由套索工具

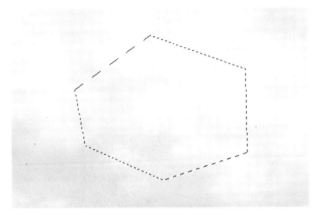

图 2.9　多边形套索工具

3. 磁性套索

根据光标经过区域颜色的对比，自动生成选区。适用于创建边缘对比明显的选区。如图 2.10所示。

在使用磁性套索时，若自动吸附的定位点出错时，光标沿原来轨迹返回，按 Del 键删除。遇到拐角不方便自动吸附，需要强制定位点时，利用鼠标在拐弯处单击完成强制定位。

（1）磁性套索属性栏说明（图 2.11）。

图 2.10　磁性套索

图 2.11　磁性套索属性栏

1）宽度：用于设置光标经过轨迹与边缘的距离，以区分选区。

2）频率：用于设置光标经过时自动创建定位点的密度。值越大，定位点越多。

3）压力感应：默认为开启状态。当使用压力板时，用于感应压力以确定选区的精细程度。

（2）技巧应用。

当前使用工具为磁性套索工具时，按下 Alt 键，可以临时切换为多边形套索工具；若当前使用工具为多边形套索工具时，按下 Alt 键，可以临时切换为套索工具。三个套索工具组合起来才方便建立选区。

2.2.4　魔棒工具

魔棒工具的快捷键为W，用于快速建立与单击点颜色相近的选区。分为魔棒工具和快速选择工具。如图 2.12 所示。

图 2.12　魔棒工具

1. 魔棒工具

用于快速选择与单击点颜色相近的区域。如果要选取不相邻的整个页面区域，那就要在工具选项栏中把"相邻的"复选框去掉。通过属性栏中的"容差"选项，设置选择区域与单击点颜色的相近程度。

2. 快速选择工具

该工具是 CS3.0 版本中新增加的工具。通过属性栏中的新、加、减三种模式，按住不放可以像绘画一样选择区域，快速选择颜色差异大的图像会非常的直观、快捷。

3. 属性栏说明（图 2.13）

图 2.13　魔棒工具属性栏

（1）容差：用于控制选择区域的精确程度。值越小，生成的选区越精确。

（2）消除锯齿：该选项通常需要选中，可以降低选区边缘的锯齿对比，方便生成圆滑的选区。

（3）连续：用于控制生成的选区是当前单击点所在区域或当前整个页面区域。如图 2.14 所示。

（4）对所有图层取样：选中该选项后，建立的选区针对所有显示的图层。

（5）调整边缘：当建立选区后，可以单击 调整边缘... 按钮，启动智能边缘识别工具。后面详细讲解，在此不再赘述。

图 2.14　选中连续与不选中的区别

2.2.5 裁剪工具

裁剪工具快捷键为C，包含裁剪工具、切片工具和切片选择工具。如图2.15所示。

1. 裁剪工具

用于对图像的多余部分进行裁剪。根据实际需要可以通过属性栏设置尺寸进行裁剪。建立裁剪区域后，双击左键或按回车键完成裁剪。如图2.16所示。

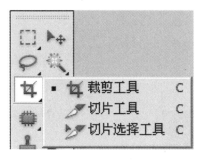

图 2.15　裁剪工具

图 2.16　裁剪工具

2. 切片工具

将一个图像切割成许多小片，以便于在网络上的传输和下载。然后可以使用网页制作软件进行细致的处理。分为切片工具和切片选择工具。

3. 属性栏说明（图2.17）

图 2.17　裁剪工具属性栏

（1）宽/高度：在后面的文本框中输入裁剪后图像的尺寸。可以直接输入裁剪图像的单位。如像素、厘米等。也可以右击，从弹出的屏幕列表中选择所需要的单位。单击 按钮，可以进行宽度和高度尺寸互换。

（2）分辨率：在后面的文本框中输入裁剪完成后图像的分辨率。若不输入信息，裁剪后图像的分辨率与原图像保持一致。可以从后面的列表中选择分辨率单位。如像素/英寸或像素/厘米。

（3）前面的图像：单击该按钮后，裁剪的图像与上一次裁剪的图像保持相同的尺寸。

（4）清除：单击该按钮后，清除前面宽度和高度文本框中的数据。可以按任意尺寸裁剪。

2.2.6 吸管工具

吸管工具组的快捷键为I，包括吸管工具、颜色取样器工具、标尺工具、注释工具和计数工具。如图2.18所示。

1. 吸管工具

用于拾取鼠标当前点的颜色作为前景色。选择该工具时，按 Alt 键，可以将拾取的颜色作为背景色。若当前工具为其他工具时，按 Alt 键，可以临时切换为吸管工具，方便进行颜色拾取。

2. 颜色取样器工具

该工具通常配合着"信息"面板一起使用。在信息面板中显示当前拾取点颜色的信息值。最多可以显示四个采样点。方便对图像进行颜色校正。如图 2.19 所示。

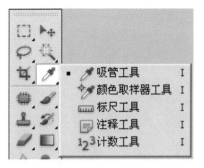

图 2.18 吸管工具

图 2.19 颜色取样器

3. 标尺工具

该工具使用时，在页面中依次单击的两点，通过属性栏中的信息提示，可以看到两点间的坐标、宽度、高度、角度和距离等信息。如图 2.20 所示。

图 2.20 标尺工具

（1）W 表示单击两点间的宽度尺寸。

（2）H 表示单击两点间的高度尺寸。

（3）A 表示单击两点间的夹角角度。

（4）拉直：单击该按钮后，图像会根据两点间的倾斜角度进行自动旋转。通常适用于纠正倾斜的图像。

4. 计数工具

通常用于统计单击次数。计数数目会显示在项目上和当前页面中。计数数目会在存储文件时存储（仅限 Photoshop Extended 版本）。使用计数工具计算图像上的项目数，然后记录此项目数。按住 Alt 键并单击可移去标记。

2.3 修饰和绘画工具

修饰和绘画工具组，基本的光标显示样式都类似，通常用于对图像进修饰或绘制等方面的工作。

2.3.1 画笔工具

画笔工具快捷键为 B，在新版本中画笔工具包括画笔工具、铅笔工具、颜色替换工具和混合器画笔工具等。如图 2.21 所示。

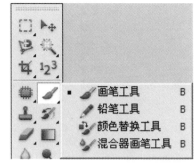

图 2.21 画笔工具组

1. 画笔工具

根据画笔笔刷样式和前景色，在当前选区或图层上涂抹。使用时通过属性栏设置画笔笔刷样式。

（1）选择画笔样式：按 F5 键或单击属性栏中的 按钮。在弹出的界面中选择画笔样式和形状设置。如图 2.22 所示。通过左侧列表中的形状动态、散布、纹理、双重画笔、颜色动态等属性来设置。

（2）画笔基本设置。

按"["或"]"键，可以进行画笔大小的调节。

按住 Shift 的同时，按"["或"]"，可以进行画笔硬度调节。

（3）自定义画笔样式：在实际工作当中，往往会根据需要来自定义所需要的画笔样式。因为定义好的画笔样式可以用在 PS 中具有画笔样式的工具中。如修复画笔、橡皮擦、仿制图章等工具中。

首先，在页面中创建选区，如矩形选区。填充黑色。必须为黑色，要是填充其他颜色时，再次使用该画笔样式时，与前景色不一致，造成偏色。如图 2.23 所示。

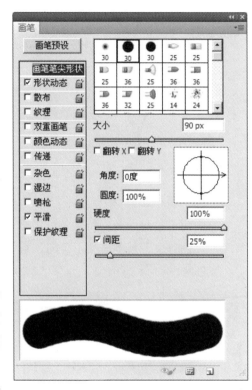

图 2.22 画笔样式

其次，通过【编辑】菜单下的【定义画笔预设】，在弹出的界面中输入画笔样式名称，单击 确定 按钮，完成画笔样式定义。

根据自定义的画笔样式，制作以下案例。如图 2.24 所示。

图 2.23 创建选区并填充颜色

（4）载入画笔样式：除了默认的画笔样式之外，在 Photoshop 中还有另外的画笔样式，需要通过载入画笔样式来实现。

选择画笔工具后，单击属性栏中的下拉三角符号，在弹出的界面中，单击右上角三角号，从中选择现成样式或选择"载入画笔"，选择 *.ABR 格式的文件。如图 2.25 所示。

2. 铅笔工具

与画笔工具类似，铅笔工具也是根据笔刷样式和前景进行涂抹。唯一的区别就是铅笔工具不能设置画笔的边缘羽化效果。

请沿此线剪下

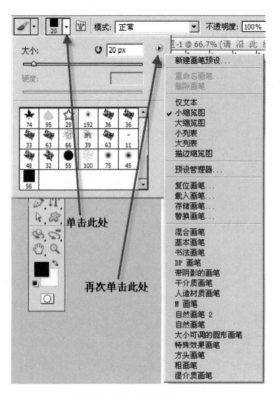

单击此处

再次单击此处

图 2.24　自定义画笔样式　　　　　　　　图 2.25　载入画笔样式

3. 颜色替换工具

使用前景色对图像中特定的颜色进行替换。可以用来校正图像中较小区域颜色的图像。颜色替换工具不适用于位图、索引和多通道等颜色模式的图像。

属性栏说明图 2.26。

图 2.26　颜色替换属性栏

（1）模式：用于设置替换颜色与底层颜色的混合模式。通常选择颜色默认。

（2）取样：分为连续、一次和背景色板。

（3）"连续"：在拖移时对颜色进行连续取样。

（4）"一次"：只替换第一次点按的颜色所在区域中的目标颜色。

（5）"背景色板"：只抹除包含当前背景色的区域。

（6）限制：分为不连续、邻近和查找边缘。

（7）"不连续"：替换出现在指针下任何位置的样本颜色。

（8）"邻近"：替换与紧挨在指针下的颜色邻近的颜色。

（9）"查找边缘"：替换包含样本颜色的相连区域，同时更好地保留形状边缘的锐化程度。

（10）容差：输入一个百分比值（范围为 1 ~ 100）或者拖移滑块。选取较低的百分比可以替换与所点按像素非常相似的颜色，而增加该百分比可替换范围更广的颜色。

4. 混合器画笔工具

该工具是新版本中新增加的一个工具选项。通过配合手绘板和压感笔，可以方便完成绘制作用。当选择其他画笔工具时，选择新增笔刷时，也会启动混合器画笔选项。如图 2.27 所示。

2.3.2　修饰工具

修饰工具组快捷键为 J，主要包括污点修复画笔工具、修复画笔工具、修补工具和红眼工具。如图 2.28 所示。

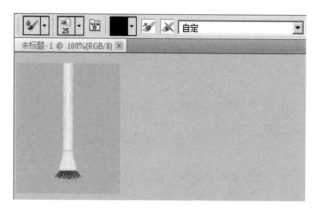

图 2.27　混合画笔样式

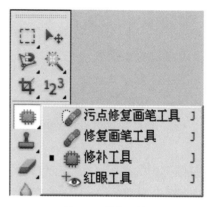

图 2.28　修饰工具

1. 污点修复画笔工具

污点修复画笔是目前 Photoshop 中最简单的克隆修饰工具。根据鼠标单击的区域和周围的环境，自动进行图像修复。通常用于去除人物图像上的斑点。比如旧相片的刮痕和人脸上的痣。

使用该工具时，将画笔大小调节为略大于要修复的区域，基本能完全覆盖过。直接使用鼠标在图像是单击即可自动完成。结果如图 2.29 所示。

2. 修复画笔工具

该工具可以说是仿制图章工具的另外一个版本，根据定义点经过的区域进行复制，在当前光标经过处完成修复。定义点区域与当前光标不同步进行。松开鼠标后，复制源区域与当前区域颜色进行自动适配。

使用时，选择工具后，按住 Alt 键的同时，在页面中单击选择要定义的来源，松开 Alt 键后，在页面选择要修复的区域，单击并拖动鼠标。松开鼠标后，涂抹的颜色与背景层颜色进行自动混全。结果如图 2.30 所示。

3. 修补工具

可以用其他区域或图案中的像素来修

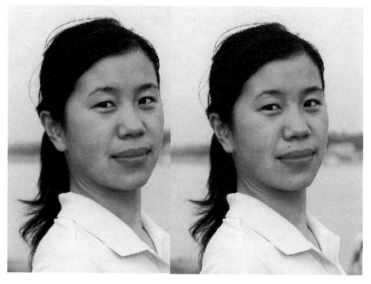

图 2.29　污点修复画笔

图 2.30　修复画笔工具前后对比

复选中的区域。与修复画笔工具类似，修补工具会将样本像素的纹理、光照和阴影与源像素进行匹配。修复的效果比修复画笔要出色一些。与 CS5 版本新增的"内容识别"功能类似。

属性栏选择状态为"目标"的时候，在页面中单击并建立需要修复的选区拖动到附近完好的区域方可实现修补。选择状态为"源"的时候，在页面中单击并建立完好的区域覆盖需要修补的区域。在使用该工具时，需要注意属性栏中的选择状态。

使用方法：

选择修补工具，在状态栏中设置状态为"源"，在页面中使用鼠标单击并建立要修补区域的选区。如图 2.31 所示。

将鼠标置于选区中间，单击并向较好区域移动选区。完成图像区域的修补。得到结果如图 2.32 所示。按 Ctrl+D 组合键取消选区即可。

4. 红眼工具

用于快速地修复图像中的红眼区域。在较暗的环境下，拍摄照片使用闪光灯时，动物的眼睛由于强光刺激会瞬间缩小，容易在瞳孔位置形成红眼现象。通过 Photoshop 软件的红眼工具可以去除图像中的红眼。现在很多数码相机具备红眼去除功能。

图 2.31　建立要修补选区

图 2.32　修补完成后

（1）使用方法。打开图像，选择红眼工具，调节属性栏中的瞳孔大小和变暗亮的参数。在图像中的红眼部分单击，由计算机自动进行红眼区域的计算。完成红眼效果去除。如图 2.33 所示。

（2）参数说明（图 2.34）。

图 2.33　去除红眼

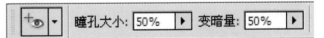
图 2.34　红眼工具参数

1）瞳孔大小：设置瞳孔（眼睛暗色的中心）的大小。值越大修改的瞳孔颜色越黑，瞳孔的细节越少。

2）变暗量：设置瞳孔的变暗程度。

2.3.3　图章工具

图章工具的快捷键为 S，图章工具分为仿制图章工具和图案图章工具。笔刷大小调节等同于画笔工具。如图 2.35 所示。

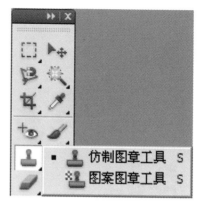

图 2.35　图章工具

1.仿制图章工具

根据定义点经过的区域内容，在当前光标经过的完成仿制。仿制过去的内容与底层的图像颜色不进行融合。可以将一幅图像的部分或全部连续复制到同一或另外一幅图像中。使用仿制图章工具可以将图像中不需要的区域进行修复。

使用方法：

在工具箱中选择仿制图章工具，按住 Alt 键的同时，在页面中单击选择仿制来源点，松开 Alt 键，单击并拖动鼠标。则定义来源点经过的区域，会将内容复制到当前光标处。如图 2.36 所示。

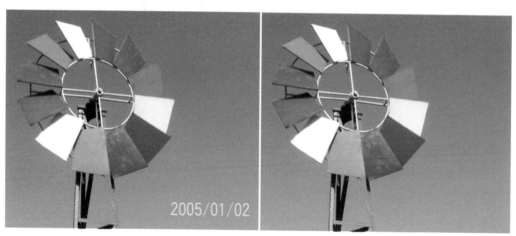

图 2.36　仿制图章

2.图案图章工具

根据属性栏设置的填充图案，在当前页面或选区内进行涂抹。除了软件默认的图案之外，支持自定义图案。

（1）使用方法。

在工具箱中选择图案图章工具，通过属性栏设置要使用的图案。设置图案填充模式和不透明度。在页面中单击并拖动鼠标可以实现图案填充。

（2）属性栏说明（图 2.37）。

图 2.37　图章工具属性栏

1）模式：用于设置图案填充的混合模式。后面章节有讲解，在此不再赘述。

2）不透明度：设置图案填充时的透明程度。

3）流量：设置图案填充时，当前图案的流量。与不透明度的作用类似。

4）对齐：选中该复选项以后，再次涂抹的图案内容不会覆盖已经存在的图案内容。如图 2.38 所示。

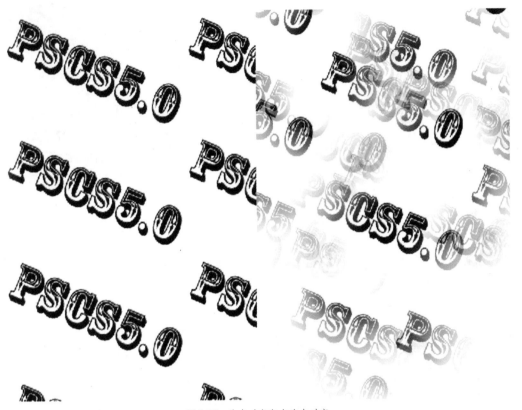

图 2.38　选中对齐和未选中对齐

（3）自定义图案。

首先，在页面中使用矩形选框工具创建图案区域的选区，执行【编辑】菜单下的【定义图案】命令，在弹出的界面中输入图案名称。单击 确定 按钮。如图 2.39 所示。

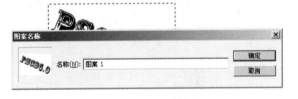

图 2.39　定义图案对话框

> **注意**：在创建自定义图案时，所建立的选区必须为矩形且不能羽化。若选区为其他形状或使用过羽化操作后，编辑菜单下的"定义图案"工具为灰色不可用。

2.3.4　历史记录画笔

历史记录画笔快捷键为 Y，历史记录画笔是 Photoshop 里的图像编辑恢复工具，使用历史记录画笔，可以将图像编辑中快照的某个状态还原出来。分为历史记录画笔工具和历史记录艺术画笔工具。使用历史记录画笔可以起到突出画面重点的作用。如图 2.40 所示。

因为在使用历史记录画笔时，会用于历史记录和快照方面的知识。本书在第 3 章"工具应用"中讲解。在此不再赘述。

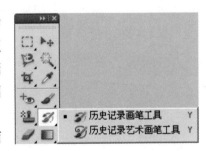

图 2.40　历史记录画笔

2.3.5 橡皮擦工具

橡皮擦工具快捷键为 E，在 Photoshop 中橡皮擦工具包括橡皮擦工具、背景橡皮擦工具和魔术橡皮擦工具三种类型。笔刷大小调节等于同画笔工具。如图 2.41 所示。

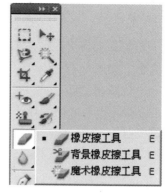

图 2.41　橡皮擦工具

1. 橡皮擦工具

通常用于擦除图像中不需要的部分。擦除后显示的内容与图层类型有关。若在背景层上使用橡皮擦工具，擦掉的区域显示背景色。如图 2.42 所示。若在普通图层上使用橡皮擦工具，擦掉的区域显示为透明，可以看到底层内容。如图 2.43 所示。

图 2.42　擦除后显示背景色

图 2.43　普通擦除后为透明

2. 背景橡皮擦工具

该工具与橡皮擦工具类似，背景橡皮擦除显示为画笔外形外，中间还有一个十字叉，擦物体边缘的时候，即便画笔覆盖了物体及背景，但只要十字叉是在背景的颜色上，只有背景会被删除掉，物体不会。如图 2.44 所示。

（1）背景橡皮擦工具选项栏说明（图 2.45）。

图 2.45　背景橡皮擦工具选项栏

取样方式分为连续、一次和背景色板。

1）连续：当选择为连续时，与普通橡皮擦效果一样。

2）一次：当选择为一次时，当第一次选中颜色后按住鼠标拖动只能擦掉与第一次类似的颜色同时还可以将背景图层转为普通图层。

3）背景色板：当选择为背景色板时，可以将你不想删除的颜色设为前景色。可以配合着后面的"保护前景色"选项。

图 2.44　背景橡皮擦

3. 魔术橡皮擦工具

该工具在作用上与背景橡皮工具类似，用以将像素抹除得到透明区域。魔术橡皮擦工具的特点是快速删除与单击点颜色相近的区域。通过属性栏中的"容差"参数设置颜色的相近程度。如图 2.46 所示。

图 2.46　魔术橡皮擦

2.3.6 渐变工具

渐变工具快捷键为 G，主要分为渐变工具和油漆桶工具。通常用于颜色的快速填充。如图 2.47 所示。

1. 渐变工具

依据设置的填充样式，可以进行线性、径向、角度、对称和菱形等方式的渐变填充。根据实际需要可以自定义渐变样式或载入渐变样式。

（1）添加渐变样式。

除了系统提供的默认渐变样式之外，还可以快速载入渐变样式效果。协调色、金属、中灰密度、杂色样本等。如图 2.48 所示。

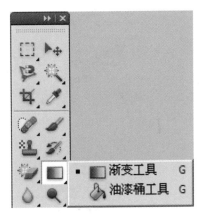

图 2.47　渐变工具

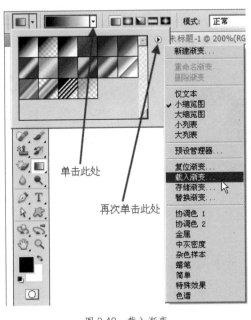

图 2.48　载入渐变

出现追加样式对话框。如图 2.49 所示。通常单击"追加"按钮。

除了载入固定名称的样式之外，当选择"载入渐变"时，会弹出一个对话框，选择"*.GRD"格式的文件。如图 2.50 所示。

> **注意**：新添加的渐变样式，默认追加到已经按钮后面，如果全部添加到内容中，不方便选择常用渐变样式，可以单击"复位渐变"选项，将渐变新式恢复到默认效果。

（2）自定义渐变样式。

单击属性栏中的渐变内容按钮，弹出自定义渐变样式对话框。如图 2.51 所示。

图 2.49　单击追加按钮

图 2.50　载入渐变文件

在渐变编辑器界面中，单击中间滑动图标下方，可以添加颜色色块，单击中间滑块图标上方，可以添加不透明度控制按钮。单击 新建(W) 按钮，可以将当前的渐变效果存储。方便以后调用该渐变样式。

2. 油漆桶工具

根据设置的前景色或图案，通过属性栏中的容差值，在当前页面中进行快速填充。与【编辑】菜单中的【填充】工具类似。填充效果如图 2.52 所示。

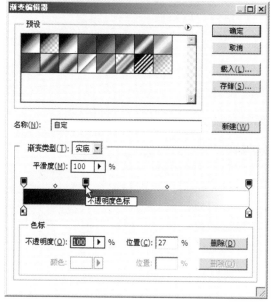

图 2.51　渐变编辑器

图 2.52　油漆桶工具

在使用油漆桶工具时，可以通过属性栏设置填充的内容为前景色或图案。通过容差设置要填充区域的颜色对比。

2.3.7　模糊工具

模糊工具组主要包括模糊工具、锐化工具和涂抹工具。如图 2.53 所示。

在新版本中该工具组已经取消了快捷键，可以看出该工具组在平时使用中的频率较少。在较早期的 Photoshop 版本中，通常使用模糊工具或锐化工具实现当前涂抹区域的模糊或锐化。到了后期版本中有专门的滤镜工具来完成这一工作。因此使用较少，在此不再赘述。

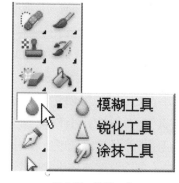

图 2.53　模糊工具

2.3.8　减淡工具

减淡工具组快捷键为 O，主要包括减淡工具、加深工具和海绵工具。如图 2.54 所示。

（1）减淡工具：通过鼠标涂抹，降低相邻像素颜色的对比度，达到颜色减淡的目标。

（2）加深工具：通过鼠标涂抹，提高相邻像素颜色的对比度，达到颜色加深的目标。

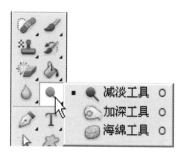

图 2.54　减淡工具

（3）海绵工具：通过鼠标涂抹，通过属性栏的选项，调节图像颜色的饱和度。

2.4 矢量和文字工具

2.4.1 钢笔工具

钢笔工具快捷键为 P，包括钢笔工具和自由钢笔工具。通常用于绘制路径或形状。因此在大数情况下，可以将钢笔工具和路径工具在一起使用。如图 2.55 所示。

图 2.55 钢笔工具

1. 钢笔工具

钢笔工具通常用于创建路径或矢量形状。钢笔工具属于矢量绘图工具，其优点是可以勾画平滑的曲线，在缩放或者变形之后仍能保持平滑效果。钢笔工具画出来的矢量图形称为路径。通过属性栏中的选项来控制当前绘制的是路径还是形状。如图 2.56 所示。

图 2.56 钢笔工具属性栏

当选择 ▢ 时，在当前页面中创建为矢量形状，同时会自动增加形状图层。用前景色来填充当前形状区域。

当选择 ▨ 时，在当前页面中创建平滑的路径曲线。方便进行绘制图形和建立选区。

（1）创建路径。

选择钢笔工具，在属性栏中设置为路径选项，在页面中单击生成角点，单击并拖动生成平滑点。绘制进按住 Ctrl 键，可以移动控制点的位置。当出现点的控制手柄时，按住 Alt 键，删除一半手柄。方便生成带有夹角的路径。如图 2.57 所示。

（2）路径转换为选区。

在使用钢笔创建路径时，在很多情况下是为了方便建立选区。可以按 Ctrl+Enter 组合键或单击路径面板下方的 ◯ 按钮，将路径生成选区。若创建的路径没有闭合，则转换为选区时，自动首尾连接生成闭合选区。

（3）其他形状路径。

在 Photoshop 软件中，钢笔工具与矢量形状工具的属性栏相同。因此方便生成其他形状的路径。如图 2.58 所示。单击右上角 ▸ 按钮，可以载入常用形状或 *.CSH 格式的文件。如图 2.59 所示。

图 2.57 路径效果

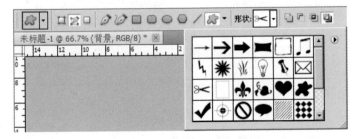

图 5.58 其他形状路径

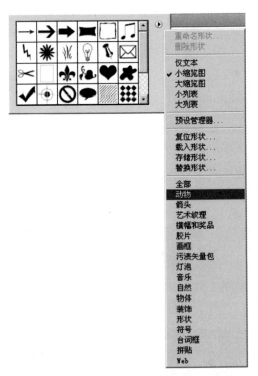

图 5.59 载入其他形状

2. 自由钢笔工具

用来绘制比较自由的、随手而画的路径。在进行绘制时，由软件自动添加定位点。使用路径选择工具选择后，显示定位点。结果如图 2.60 所示。

3. 锚点添加与删除

对于绘制时生成的控制锚点，可以根据实际需要来添加锚点或删除锚点。

（1）添加锚点：选择钢笔工具组中的添加锚点工具，在路径需要添加控制点的位置，鼠标呈现加提示。如图 2.61 所示。单击完成锚点添加。

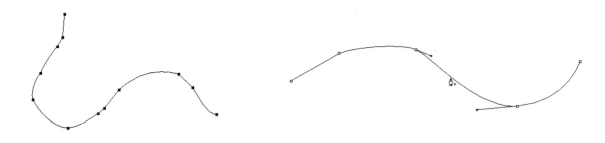

图 2.60　自由钢笔生成的效果　　　　　　　　图 2.61　添加锚点

（2）删除锚点：选择钢笔工具组中的删除锚点工具，靠近路径上需要删除的锚点位置时，鼠标呈减提示。如图 2.62 所示。单击完成锚点删除。

4. 转换点工具

该工具用于将当前锚点在角点和平滑点之间进行转换。当点为平滑点时，直接单击点，将其转换为角点，当为角点时，单击点并拖动，可以将其转换为平滑点。如图 2.63 所示。

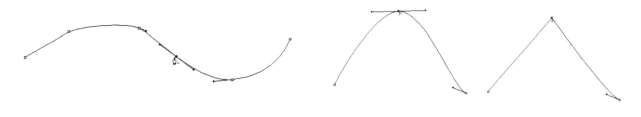

图 2.62　删除锚点　　　　　　　　　　图 2.63　平滑点转角点

2.4.2　路径选择工具

路径选择工具快捷键为 A，包括路径选择工具和路径直接选择工具。这两个工具可以按键盘中的 Ctrl 键，进行直接切换。方便选择路径和移动控制点。如图 2.64 所示。

图 2.64　路径选择工具

2.4.3　文字工具

文字工具快捷键为 T，包括横排文字工具、直排文字工具、横排文字蒙版工具和直排文字蒙版工具。方便生成矢量文字效果和文字选区。如图 2.65 所示。

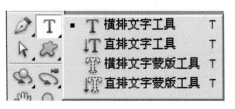

图 2.65　文字工具

1. 基本输入

在工具箱中选择横排文字工具，在当前页面区域中单击或单击并拖动，在光标闪烁处输入文字内容。单击其他工具图标或单击属性栏中的 ✔ 按钮，完成文字输入。

（1）更改文字字体。

在文字工具状态下，单击并拖动选择文字，将光标定位到属性栏中的字体名称，利用键盘中的上、下光标键进行选择。可以看到当前文字使用选择字体的效果。

（2）文字大小调节。

更改文字大小时，除了从属性栏中选择点的大小之外，还可以使用【自由变换】工具直接调节大小。

（3）文字变形。

选择输入的文字内容，单击属性栏中的 ⊥ 按钮，可以进行文字变形操作。

2. 添加字体

在进行平面设计时，美观的字体是必需的。因此需要安装常用或常见的文字字体。

首先将获得的 *.ttf 格式的字体文件复制，在【控制面板】/【字体】选项中，右击"粘贴"，等待计算机字体安装完成。

3. 属性栏中文字体名称显示

在平时应用时，文字的属性栏会显示中文的字体名称。若字体名称列表中不显示中文名称时，需要通过以下的设置来更改。

【编辑】/【首选项】/【文字】，在弹出的界面中去掉"以英文显示字体名称"，单击确定即可。如图 2.66 所示。

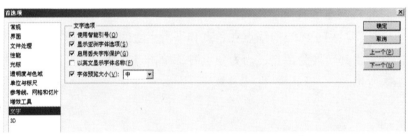

图 2.66　中文字体名称显示

4. 文字适配路径

该功能主要的作用是将输入的文字，按已经存在的路径进行排列。生成文字按路径排列的效果。

首先，在当前页面中创建任意形状的路径。

其次，在工具箱中单击选择横排文字工具，当鼠标靠近路径时，光标形状发生变化，显示路径标识时，单击输入文字。单击属性栏中的 ✔ 按钮，完成文字输入。如图 2.67 所示。

利用路径选择工具，在页面文字处，单击并拖动光标可以调节文字在路径上的位置。如图 2.68 所示。

图 2.67　文字适配路径　　　　　　　　　　图 2.68　使用路径选择工具调节位置

5. 文字创建工作路径

在日常进行平面设计时，根据实际设计工作的需要，往往要将现在的文字字体效果转换为矢量形状进行处理。将文字转换为工作路径后，原文字图层保持不变并可以继续进行编辑。

创建方法：选择输入的文字层为当前操作层，执行【图层】/【文字】/【创建工作路径】命令或在图层面板中，选择当前图层右击/创建工作路径，使用路径选择工具，选择路径并将其向上移动。如图 2.69 所示。

使用【路径选择工具】，可以根据实际需要对路径进行变形编辑。

6. 文字蒙版工具

文字蒙版工具分为横排文字蒙版工具和直排文字蒙版工具，文字创建完成后，自动生成带有文字轨迹的选区。如图 2.70 所示。

图 2.69 文字创建工作路径

图 2.70 文字蒙版效果

2.4.4 矢量形状

矢量形状工具快捷键为 U，包括矩形工具、圆角矩形工具、椭圆工具、多边形工具、直线工具和自定义形状。如图 2.71 所示。

矢量形状工具通常用于绘制路径和形状。属性栏与钢笔工具的属性栏相同。在此不再赘述。

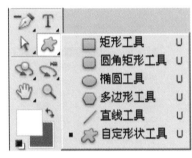

图 2.71 矢量形状

2.5 导航及 3D 工具

在 Photoshop 软件中可以打开 3DS Max、Maya 以及 Sketch up 等程序创建的 *.3DS 文件。打开一个 3D 文件时，可以保留原文件的纹理、渲染和光照等信息。3D 模型放在 3D 图层上，3D 纹理出现在 3D 图层下面的条目中。如图 2.72 所示。

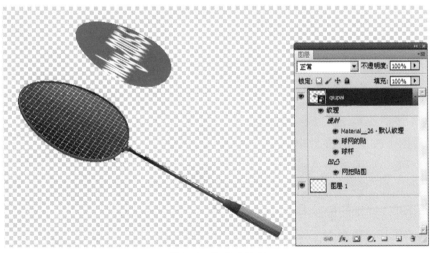

图 2.72 3D 显示界面

2.5.1　3D 对象操作工具

3D 对象操作工具的快捷键为 K，包括对象旋转工具、对象滚动工具、对象平移工具、对象滑动工具和对象比例工具。如图 2.73 所示。

当在 Photoshop 中，执行【3D】菜单下【从 3D 文件新建图层】命令后，打开 *.3DS 文件后，可以使用工具箱中的 3D 旋转或查看工具来进行观察和操作。主要通过属性栏来设置当前的操作方式。如图 2.74 所示。

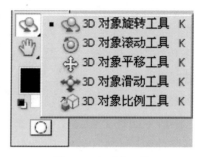

图 2.73　3D 对象工具

图 2.74　属性栏

> **注意**：在 Photoshop 中进行 3D 对象操作时，需要开启 "OpenGL 绘图" 功能。否则部分 3D 对象操作功能无法实现。执行【编辑】菜单/【首选项】/【性能】选项，选中 "启用 OpenGL 绘图"。如图 2.75 所示。

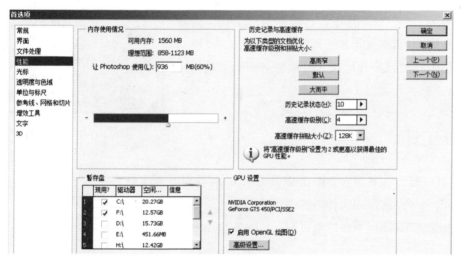

图 2.75　开启 OpenGL 绘图

2.5.2　3D 相机工具

3D 相机工具快捷键为 N，包括旋转相机工具、滚动相机工具、平移相机工具、移动相机工具、移动相机工具和缩放相机工具等。主要用于改变 3D 文件中的相机视图，同时保持 3D 对象位置不变。如图 2.76 所示。

在 Photoshop 中进行三维操作，需要占用很大的内存空间的渲染速度。因此对用户计算机的配置有较高的要求。同时使用 3D 相机工具的用户，需要对三维软件操作有一定掌握和了解。

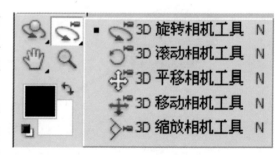

图 2.76　3D 相机工具

2.5.3 平移和缩放工具

1.平移工具

平移工具快捷键为 P，若在其他工具情况下，按下键盘中的"空格"键，可以实现图像的平移操作。方便在图像放大后，通过平移来查看图像的具体细节。当开启"OpenGL 绘图"功能后，在平移时，会显示图像的滑动效果。在新版本中还增加了"视图旋转"功能。如图 2.77 所示。

（1）属性栏说明（图 2.78）。

图 2.78　旋转工具属性栏

1）旋转角度：表示当前视图已经旋转的角度数值。

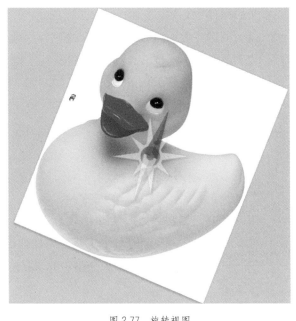

图 2.77　旋转视图

2）复位视图：单击该按钮后，视图恢复到默认的状态。

3）旋转所有窗口：选中该复选项后，当前打开的所有文件都进行旋转。如图 2.79 所示。

图 2.79　旋转所有视图

2.缩放工具

缩放工具快捷键为 Z，该工具用于对当前图像进行缩放。默认时该工具为放大操作，当按 Alt 时，切换到缩小操作。

常用操作：

（1）图像放大：按 Ctrl 键的同时按"+"键，可以实现图像放大操作。

（2）图像缩小：按 Ctrl 键的同时按"−"键，可以实现图像缩小操作。

（3）图像最佳显示：按 Ctrl 的同时按"0"键。

（4）图像实际尺寸显示：在工具箱中双击该图标，或该按 Ctrl 和 Alt 键的同时按"0"键。

2.6 本章小结

在本章中，主要给广大读者介绍了 Photoshop 工具箱里面常用的工具。广大读者需要对工具进行掌握，同时每个工具的属性栏也需要学习。为以后使用该工具打下基础。在下一个章节中，将使用工具箱中的工具来制作实例。

第3章

工具应用

通过前面的学习，掌握工具箱中工具和基本属性参数。如何更好地应用到实际工作中去呢？将通过本章的讲解和练习让广大读者更好地去掌握。通过工具制作实例，通过实例掌握工具将是本章的重点。

本章要点：
- 选择和裁切实例
- 修饰和绘图实例
- 矢量和文字实例

3.1 选择和裁切实例

在 Photoshop 中对图像进行编辑时，默认为当前图层。如果需要进行局部编辑时，则需要建立选区。因此选区建立的是否精确，将影响后续的编辑操作。所以在 Photoshop 中有很多工具都是用来建立选区。

3.1.1 利用矩形选区制作砖墙效果

1. 建立文件

执行【文件】菜单下的【新建】命令，创建 800×600 像素，背景颜色为白色的文件。如图 3.1 所示。

2. 绘制矩形选框

利用矩形工具，在页面中绘制矩形，设置前景色为砖墙红色，RGB（222，109，0），按 Alt+Del 组合键填充前景色。水平移动选区，再次填充前景色。根据砖墙的排列方式生成两层砖墙。如图 3.2 所示。

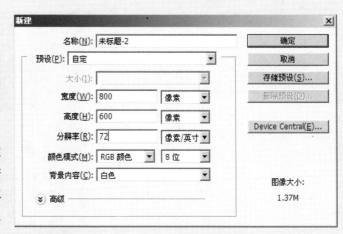

图 3.1 新建文件

图 3.2　绘制两层砖墙

3. 复制生成整个砖墙

利用矩形选框，在页面框选两层砖墙，按下 Ctrl+Shift+Alt 组合键的同时向下移动鼠标，限制垂直复制。生成整个砖墙墙面。如图 3.3 所示。

图 3.3　砖墙效果

4. 填充砖缝

利用魔术棒工具，单击砖缝中间的空隙，生成选区，设置前景色为灰色 RGB（128，128，128），按 Alt+Del 组合键填充前景色。如图 3.4 所示。

图 3.4　填充灰色

5. 执行滤镜效果

执行【滤镜】菜单 /【纹理】/【龟裂缝】命令，设置参数。如图 3.5 所示。按 Ctrl+Shift+i 将选区反选，再次执行【滤镜】菜单 /【杂色】/【添加杂色】命令，设置参数。如图 3.6 所示。按组合键 Ctrl+D 取消选区。得到最后的砖墙效果。

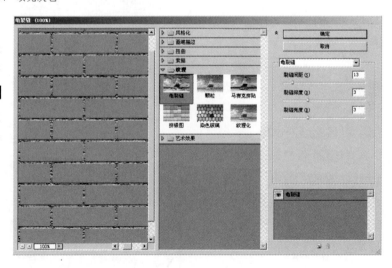

图 3.5　滤镜参数

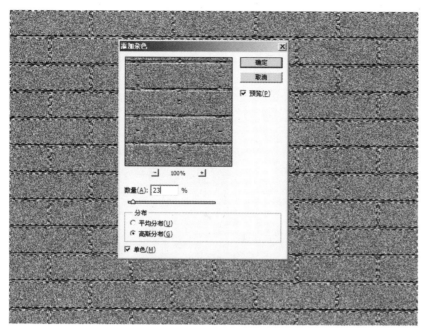

图 3.6　添加杂色参数

3.1.2　利用裁切工具排 1 寸证件照

1 英寸或 2 英寸的证件照片，在日常生活中使用较多。广大读者可以自行制作。方便满足以后工作的需要。

（1）打开图像，根据实际需要更换证件照片的背景。证件照片的背景通常为红色背景或白色等。选择工具箱中的裁切工具，在属性栏中输入 1 英寸照片的尺寸。对于裁切的尺寸单位可以直接输入，也可以右击光标，在弹出的屏幕菜单中选择单位。如图 3.7 所示。

图 3.7　1 英寸照片属性栏

使用裁切工具，在页面中单击并拖动，保持 1 英寸照片的比例。双击鼠标或按键盘中的"Enter"键。得到 1 英寸照片结果。如图 3.8 所示。

（2）执行【文件】/【新建】命令或按 Ctrl+N 组合键，新建 5×7 英寸，分辨率为 300 的文件。切换到裁切后的图像，Ctrl+A 全选，按 F3 执行复制命令。在新建的文件中按 F4 执行粘贴命令。根据实际需要调节大小和位置。如图 3.9 所示。

（3）按 Ctrl+Shif+Alt 组合键的同时移动当前图层内容。完成限制 45° 方向的水平复制。得到水平的四个图像。同时也生成了四个图层。如图 3.10 所示。

图 3.8　1 英寸裁完后

（4）按下组合键 Ctrl+E 三次进行图层合并，再次按下 Ctrl+Shift+Alt 组合键的同时向下移动复制。再次按 Ctrl+E 两次合并图层。选择裁切工具，单击属性栏中的"清除"按钮。在页面中单击并拖动。完成图像裁切。得到最后 1 英寸证件照片的排版效果。如图 3.11 所示。

图 3.9　粘贴并调节位置

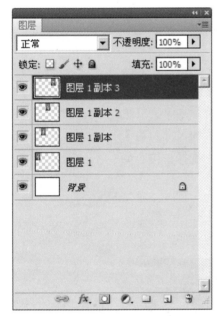

图 3.10　图层列表

图 3.11　1 英寸证件最后效果

注意：对于 2 英寸照片的裁切时，属性栏中的尺寸宽度输入 2 英寸，高度输入 3 英寸，在排版时，需要平铺四张即可。使用移动工具时，按 Alt 键，可以在移动的同时实现复制操作；按 Shift 键，限制移动方向保持 45° 的倍数。

3.1.3　利用裁切工具校正透视倾斜

在日常拍照中，由于焦点错误或跑焦等问题，容易出现图像的透视错误。造成图像扭曲。使用裁切工具可以纠正。

（1）打开图像文件。如图 3.12 所示。

（2）选择工具箱中的裁切工具，在页面中单击并拖动，将其全部选择，选中裁切工具属性栏中的"透视"选项。将裁切框边缘向内侧移动。使其与图像中本应该水平或垂直的参照保持水平或垂直。如图 3.13 所示。

图 3.12　图像透视错误

图 3.13　移动裁切工具边缘控制点

（3）双击或按"Enter"键，完成图像的裁切。得到最后焦点正确的图像。如图 3.14 所示。

图 3.14　图像透视错误纠正

注意： 在进行透视裁切纠正时，按制点移动时所参照物体最好为建筑物。如果要体现建筑物的雄伟或高大时，不需要进行透视错误纠正。

3.1.4　利用标尺工具纠正图像的倾斜

在日常拍照片时，由于相机端的不多水平或垂直时，容易造成成像后图像的倾斜问题。需要进行裁切纠正。

（1）打开倾斜图像。如图 3.15 所示。

图 3.15　打开倾斜图像

（2）在工具箱中选择标尺工具，按"Ctrl++"组合键将图像放大。在页面中依次单击两点，使其沿本应该水平或垂直的参照物。如图 3.16 所示。单击属性栏中的"拉直"按钮。将图像旋转的同时进行裁切。完成倾斜图像的纠正。

图 3.16　单击两点

3.2　修饰工具实例

3.2.1　利用仿制图章去除图像中多余的部分

在日常拍照时，可能会将其他的内容合并到当前照片。仿制图章可以从图像中复制信息，将其应用到其他区域或者是其他图像中。该工具常用于复制图像内容或去除照片中的多余部分。

（1）打开需要修改的图像。如图 3.17 所示。

（2）在工具箱中选择仿制图章工具，通过属性栏设置笔刷的柔和程度。按 Ctrl++ 组合键，将图像放大，按住 Alt 的同时单击，拾取复制来源点。如图 3.18 所示。

图 3.17　打开图像

单击并涂抹要修复的区域，根据需要再次按 Alt 键定义取样点，涂抹要修复的区域。如图 3.19 所示。

图 3.18　定义取样点

图 3.19　多次修复

（3）将图像再次放大，修复图像上半部分。为了将路边的沿石和植物修复的更加精确，需要建立辅助线。按 Ctrl+R 显示标尺，将光标置于标尺上单击并向页面中间拖动，出现辅助线。按 Alt 的同时单击取样点，保持透视图例涂抹。如图 3.20 所示。

（4）继续对图像进行细节的仿制。直到周围的环境将多余的部分覆盖完成为止。最后结果如图 3.21 所示。

图 3.20　修复上半部分

图 3.21　修复完成

3.2.2　利用修复画笔去除眼部细纹或疤痕

在日常的人物照片中，特别是面部比较近的图像时，微笑容易引起眼部的细纹。可以通过修复画笔来去除眼部的细纹。

（1）打开图像，将其放大。查看需要修复的部分。如图 3.22 所示。

（2）选择修复画笔工具，在属性栏中选择一个柔和笔尖，在"模式"下拉列表中选择"替换"，将"源"设置为"取样"。将光标放在眼角附近没有皱纹的皮肤上。按 Alt 键的同时单击进行取样。如图 3.23 所示。松开 Alt 键，在眼部有细纹处单击并拖动鼠标进行修复。如图 3.24 所示。

图 3.22

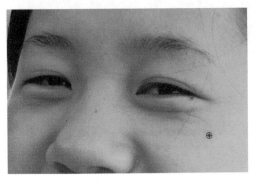

图 3.23　定义来源点

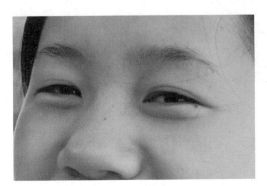

图 3.24　多次修复后

（3）对于人物图像中的局部疤痕，也可以使用修复画笔来修复。如图 3.25 所示。

3.2.3　利用历史记录画笔保留局部色彩

历史记录画笔在使用时，需要结合历史记录面板中的快照。在 Photoshop 软件中，通过历史记录面板可以方便撤销和恢复操作。当操作超过历史纪录默认的次数（20 次）时，不能还原。

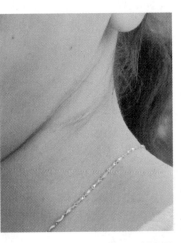

图 3.25　去除疤痕

快照工具位于历史记录面板。利用"快照"命令，您可以创建图像的任何状态的临时复制（或快照）。新快照添加到历史记录调板顶部的快照列表中，不会自动删除。如图 3.26 所示。

（1）通过历史记录保留图像中局部色彩。

执行【文件】/【打开】命令，打开需要调节的图像文件。如图 3.27 所示。

（2）执行【图像】菜单下的【调整】/【去色】命令或按 Ctrl+U 组合键。将图像中的彩色信息去掉。在历史记录面板中，单击下方的" 📷 "按钮。选择历史记录画笔，直接在图像中调节画笔笔尖形状和样式，单击涂抹。最后得到效果，如图 3.28 所示。打开图像后，默认自动创建快照。之所以在去色后建立快照。是因为在进行涂抹时，画笔容易涂抹到不需要涂抹的区域，可以将历史记录画笔笔尖置于快照前，再涂抹当前快照中的内容。如图 3.29 所示。

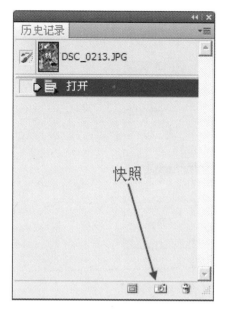

快照

图 3.26　历史记录面板

图 3.27　打开图像

图 3.28　涂抹后

图 3.29　更换快照信息

3.2.4　使用渐变制作卷边效果

（1）执行文件菜单打开命令或按 Ctrl+O 组合键，打开图像文件。单击图层面板下方的新建按钮或按 Ctrl+Shift+N 组合键，新建图层 1。如图 3.30 所示。

（2）在工具箱中选择渐变工具，单击属性栏中的渐变样式，在弹出的"渐变编辑器"中进行如下设置。单击　确定　按钮，完成渐变样式定义。如图 3.31 所示。

（3）在图层面板中，选择图层 1 为当前层，利用矩形选框创建选区，选择渐变方式为线性渐变，按住 Shift 同时，单击并拖动。创建渐变填充。如图 3.32 所示。

图 3.30 打开原图

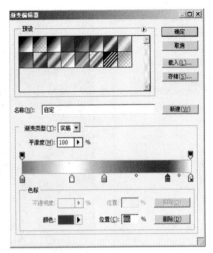

图 3.31 渐变编辑器

（4）执行【编辑】菜单中的【自由变换】命令或按 Ctrl+T 组合键，按住 Ctrl+Shift+Alt 组合键的同时，移动上端角点，进行透视变换操作。进行适当角度旋转并调节位置。按 Enter 键确认。如图 3.33 所示。

图 3.32 创建渐变样式

图 3.33 变换完成

（5）选择工具箱中的椭圆工具，在下方创建选区，并按 Del 键删除。按 Ctrl+D 取消选区。将当前层选择背景层，选择橡皮擦工具，在背景层单击并涂抹。完成最后效果。如图 3.34 所示。

3.2.5 利用渐变工具制作彩虹

（1）执行【文件】菜单下的【打开】命令或按 Ctrl+O 组合键，打开图像文件。单击图层面板下方的新建按钮，新建图层 1。如图 3.35 所示。

（2）在工具箱中选择渐变工具，样式为"透明彩虹渐变"，在当前图层中使用线性渐变进行填充。如图 3.36 所示。

图 3.34 卷边效果

图 3.35　打开图像文件

图 3.36　彩虹渐变

（3）执行【滤镜】菜单【扭曲】/【切变】命令，对彩虹形状进行调节。如图 3.37 所示。

（4）执行【编辑】菜单【自由变换】命令或按 Ctrl+T 组合键。调节彩虹角度和位置。如图 3.38 所示。

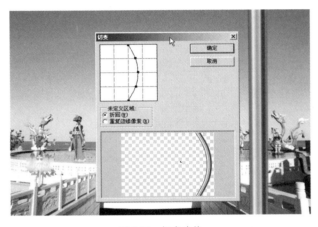

图 3.37　切变滤镜

图 3.38　生成彩虹

（5）按 Q 键进入快速蒙版模式，将渐变工具设置为从黑色到白色，从当前图层边缘处开始单击指向背景层。再按 Q 键退出快速蒙版模式，多次按 Del 键，进行删除。彩虹边缘出现渐隐效果。如图 3.39 所示。

（6）用同样的方法将另外一边进行擦除。调节当前图层的不透明度。得到真实的彩虹效果，如图 3.40 所示。

图 3.39　彩虹一半的效果

图 3.40　彩虹结果

3.2.6　利用橡皮擦工具制作邮票

邮票是一种人见人爱的艺术品，很多摄影作品都被制成了邮票。如何将自己的摄影照片也制作成邮票呢？可以使用 Photoshop 软件中的橡皮擦工具来实现。

（1）执行【文件】菜单【打开】命令或按 Ctrl+O 组合键，打开图像文件。如图 3.41 所示。

（2）按 Ctrl+J 复制背景层生成图层 1，将背景层填充白色。选择图层

图 3.41　打开原图

1 为当前层。按 Ctrl+R 显示标尺。将光标置于标尺，单击并向页面中间拖动，生成辅助线。如图 3.42 所示。

（3）在工具箱中选择橡皮擦工具，按 F5 键，在弹出的界面中设置画笔笔刷样式，其中间距为 150%，硬度为 100。如图 3.43 所示。

图 3.42　生成左上角辅助线

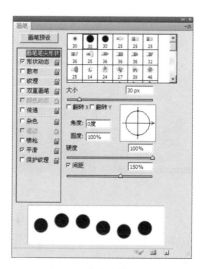

图 3.43　橡皮擦笔刷样式

（4）将光标中心点的位置置于辅助线交点，单击并按住 Shift 键，限制水平方向进行拖动。再次单击标尺并向页面中间拖动，将辅助线置于橡皮擦擦除后的圆点位置。如图 3.44 所示。

（5）利用同样的方法，使用橡皮擦工具擦除另外的边缘，最后得到擦除后的结果。如图 3.45 所示。

（6）使用矩形选框工具，沿辅助线内侧单击并拖动，生成选区。按 Ctrl+Shift+i 组合键，执行反选操作。按 Del 键，将边缘区域删除。再使用文字工具写上文字内容即可。得到最后邮票效果。如图 3.46 所示。

图 3.44　创建辅助线

图 3.45　四边边孔效果

图 3.46　邮票最后效果

3.2.7　利用背景橡皮擦工具擦除背景

背景橡皮擦工具是一种智能橡皮擦,可以根据光标中心标记所在位置来判断要擦除的区域,使擦除的区域变为透明区域。

(1)执行文件菜单打开命令或按 Ctrl+O 组合键,打开一个图像文件。如图 3.47 所示。

(2)在工具箱中选择背景橡皮擦工具,在工具选项栏中设置参数。如图 3.48 所示。

图 3.48　工具选项栏

图 3.47　素材文件

(3)将光标放在靠近人物背景图像时,光标会变成圆心,中心会带中十字标记。在进行擦除图像时,Photoshop 会采集十字光标位置的颜色,并将出现在图形区域内的类似颜色擦除。单击并拖动鼠标即可擦除图像背景。如图 3.49 所示。

在进行擦除时,注意十字光标不要碰到人物区域。否则也会将其删除。最后完成结果。可以将其更换背景。如图 3.50 所示。

图 3.49　擦除背景

图 3.50　擦除后结果

3.3 利用图层样式创建水字效果

（1）执行【文件】菜单中的【打开】命令或按 Ctrl+O 组合键，打开任意图像文件。使用文字工具输入内容。如图 3.51 所示。

（2）双击当前文字图层，弹出图层样式对话框。进行如图 3.52 所示的参数设置。

图 3.51　输入文字

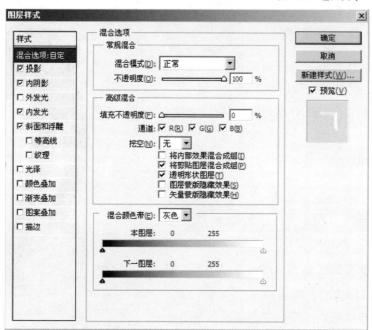

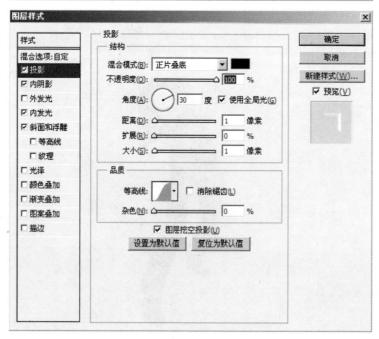

图 3.52（一）　图层样式

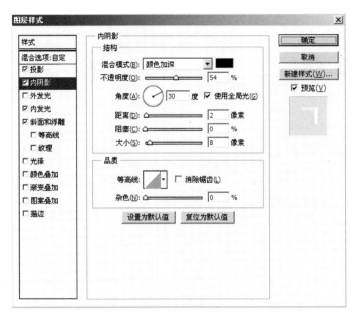

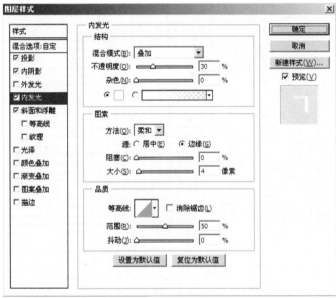

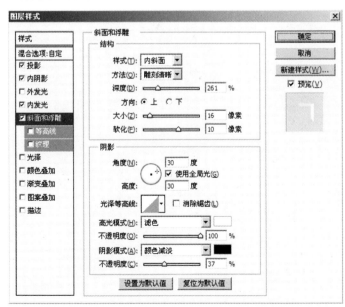

图 3.52（二） 图层样式

（3）单击图层样式右上角的 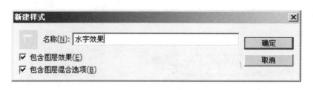 按钮，将当前的参数设置存储。自动存储到样式面板。以后应用图层样式时，可以直接到图层样式面板中。如图 3.53 所示。

图 3.53　存储样式

3.4　本章小结

　　本章中对图形的插入、编辑功能作了详细的介绍，读者通过本章的学习后可以动手创建。

Photoshop 中的常用工具菜单

在实际工作中，除了使用工具栏中的工具进行常规操作以外，难免会用到菜单中的各个命令，以此可以增加效率，实现工作中的事半功倍。

4.1 图像菜单的应用与技巧

【图像】菜单是 Photoshop 软件中十分重要的一个菜单，在这里面包含了几乎所有的针对于图像的调节以及修饰的命令，也是软件中的老牌级别的菜单了，效果如图 4.1 所示。

4.1.1 自动色调 / 自动对比度 / 自动颜色

1.【自动色调】

此命令在前面的版本中是将其放置在调整菜单中的，在新的版本中，将他们放置在新的位置，也是为了让用户可以更快捷的对图像进行调整，快捷键 Ctr+Alt+L，效果对比如图 4.2 所示。

图 4.1 图像菜单

使用前

使用后

图 4.2 使用自动色调前后对比图

2.【自动对比度】

在新的版本中，自动对比度命令也放置在图像菜单的根目录下，使用的快捷方式是 Ctrl+Shift+Alt+L，效果如图 4.3 所示。

图 4.3 使用自动对比度前后对比图

3.【自动颜色】

自动颜色在效果上更趋向于颜色的整体调整，效果如图 4.4 所示。

图 4.4 使用自动颜色前后对比图

4.1.2 调整菜单

【调整】菜单一直以来是每一个 Photoshop 用户使用频率最高的菜单之一，它的侧重点就是图像的后期处理，而这也是软件在诞生之初的最核心功能了。下面我们就调整菜单中常用的命令进行系统的讲解。

1.【色阶】

使用色阶面板可以快速对曝光或是偏色的图片进行调整；色阶面板界面如图4.5所示。

（1）【预设】：内置了软件中自带的几种特定效果，可以直接应用于图像而不用进行复杂的调整，如图4.6所示。

（2）【通道】：根据选择通道的不同，色阶的作用不尽相同，选择混合通道时，色阶可以调节图片的曝光问题；选择单一的通道的时候，可以对图片的颜色进行调整。

（3）【输入色阶/输出色阶】：可以通过下方滑块的拖动来实现曝光和颜色的更改。

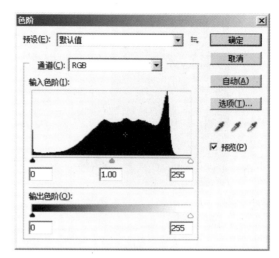

图 4.5 【色阶】面板

使用预置前　　　　　　　　　　使用预置后

图 4.6 使用"较暗"预置前后对比

（4）【直方图】：中间最大区域的位置，可以通过图像的变化来判断当前图片的曝光以及色彩问题；横向代表颜色分布的，从左到右依次代表图像中较暗的颜色、过渡色、图像中较亮的颜色；竖直方向代表的是在这个区域中颜色的多少，峰值越高，说明颜色堆积的越多。

（5）应用实例。

利用色阶调整图像的曝光以及偏色问题。

a. 常见曝光问题。根据上述讲解，我们可以知道所有图像的准确信息都是通过色阶中的直方图来进行判断的，所以我们将日常生活中所有的曝光问题总结如图4.7所示。

b. 图4.7中列出了常见的几种曝光问题图片以及他们的直方图表现形式，根据色彩平衡的原理，我们要将少的颜色进行补偿（也就是要将所有的滑块的位置趋向于峰值的位置），效果如图4.8所示。

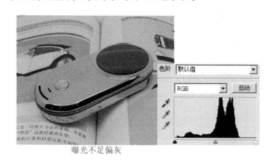

曝光不足偏灰

逆光问题

曝光不足偏暗

曝光过度

图 4.7　常见曝光问题

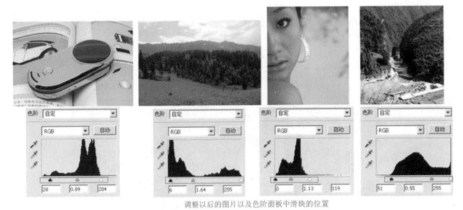

调整以后的图片以及色阶面板中滑块的位置

图 4.8　调整后的效果和色阶滑块的位置

整体效果来看，上面图片已经恢复了正常的曝光程度。

（6）利用色阶工具修复偏色图像的具体流程。

a. 打开素材图片"偏色调整 .jpg"，如图 4.9 所示。

图 4.9　偏色图片

b. 图片的第一感觉是整体上绿色过多，所以直接进入绿色通道，参数调整以及效果如图 4.10 所示。

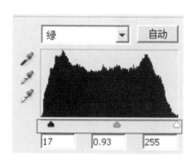

图 4.10 调整绿色通道后的效果

c. 立刻切换到蓝色通道，参数设置及效果如图 4.11 所示。

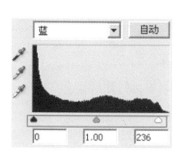

图 4.11 调整蓝色通道后的效果

d. 切换到红色通道，参数以及效果如图 4.12 所示。

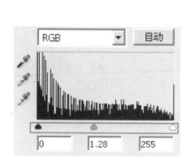

图 4.12 调整红色通道后的效果

e. 由于单色通道的改变，会导致整体上曝光的变化（因为混合通道是由单色通道组成的），所以每次调整偏色图片以后都要回到混合通道中对整体的曝光再次进行简单的修正，效果如图 4.13 所示。

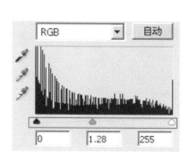

图 4.13 调整混合通道后的效果

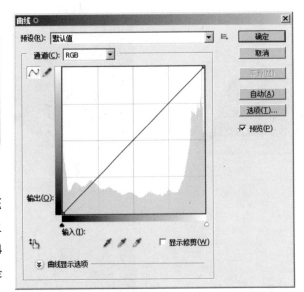

注意：在今后的工作中，不管遇到何种类型偏色的图片，都是先从最明显的偏色开始调整的，然后根据实际情况进行冷暖色的添加和降低。

2.【曲线】

曲线工具在原理上同色阶是完全相同的，只是在调整的灵活度上要比色阶更为突出一些，从图4.14中可以看到，结构基本上和色阶是相同的。

图4.14 曲线面板

曲线工具的基本使用方法：首先可以通过在现有直线上单击鼠标左键添加控制点，然后就可以选择控制点进行相应的拖动了，从图4.15中可以很明显地看到其变化。

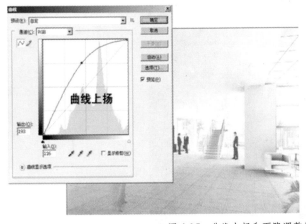
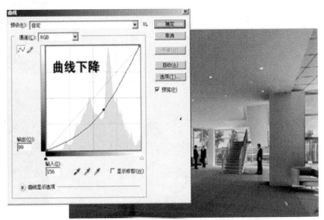

图4.15 曲线上扬和下降调整的不同结果

从上述内容可以得出，当一个区域的曲线上扬时，图片会变亮，而下降时，图片会变暗。

注意：这里讨论的情况都是在一种叫做RGB的颜色模式下进行的，当使用的是CMYK颜色模式时，颜色的变化是截然相反的。

在新版本中曲线面板上增加了一个新的操作按钮![icon]，它的作用是在图像上单击并可以直接拖动修改曲线。

单击选中后，将鼠标移动到画面中，鼠标变成有色吸管的模样，如图4.16所示。

此时移动到需要调整的地方，直接按住左键拖动，就可以得到一个较好的效果。

图4.16 鼠标样式

可以进行多次尝试，这样就可以多建立若干个控制点，进行更加微妙的调整。

使用曲线最大的好处是可以根据自己的需求建立多个点，然后作最灵活的调整，效果如图4.17、4.18所示。

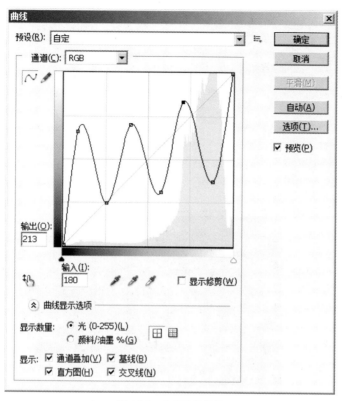

图4.17 曲线调整效果

图4.18 使用曲线前后对比

3.【亮度/对比度】(图 4.19)

这个命令可以对图像的色调范围进行调整，通过面板大家也不难发现，它的设置是非常简单的，这就为一些暂时无法掌握【色阶】或【曲线】命令的用户提供了较好的帮助，在这里，您可以快速的调整图片的亮度和对比度，对比效果如图4.20、4.21所示。

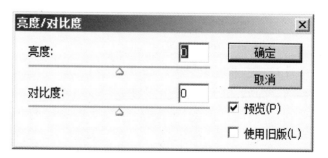

图4.19 面板效果

图 4.20 调整亮度后的前后对比

注意：在面板下方有"使用旧版"的复选框，勾选后调整的效果则会自动变为 Photoshop CS3 以前的版本相同的调整结果（即线性调整）。

图 4.21 调整对比度以后的结果

4.【曝光度】(图 4.22)

【曝光度】命令是专门用于调整 HDR 图像曝光度的功能，由于可以在 HDR 图像中以一定的比例去存储真实场景的所有明亮度值，所以使用这种方式调整的曝光最接近于真实世界中相机曝光度的调整。

（1）【曝光度】：调整色调中较亮的颜色区域，对图像中较暗的颜色范围影响较小。

（2）【位移】：通过数值的变化对图像中灰色区域进行较大影响的调整。

（3）【灰度系数校正】：主要调节图像中的灰度系数。

（4）【吸管工具】：✦单击的地方将变成黑色；✦单击的地方将变成图像中的中间灰度色（128 的灰色）；✦单击后将变成纯白色。使用上述工具可以快速调节图像的曝光问题。

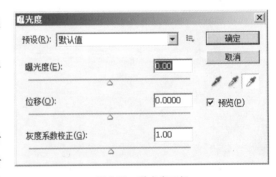

图 4.22 曝光度面板

5.【自然饱和度】

【自然饱和度】是从 Photoshop CS4 之后增加的命令，目的就是在于调整图像饱和度（色彩的数量）的时候防止出现过于饱和的现象。

打开图像，调出自然饱和度面板如图 4.23 所示。

调出面板后，首先我们可以先调整下方的饱和度命令，将其数值增大，看看效果，如图 4.24 所示。

图 4.23 自然饱和度面板

图 4.24 饱和度调整为 100 的效果

可以明显地发现图像中的饱和度出现了"溢出"的现象，下面将"饱和度"的数值恢复到 0，然后调整"自然饱和度"命令，效果如图 4.25 所示。

可以明显地看到，图像的色调整体得到了修正，但是没有出现大量的"溢出"效果。

6.【色相 / 饱和度】

【色相 / 饱和度】是 Photoshop 中的老牌命令，并且一直以来扮演着举足轻重的地位。在这个面板中，包含了颜色的三大属性，即色相、饱和度和明度；其最大特点是除了可以对全图的颜色属性进行

图 4.25 调整自然饱和度效果

调整之外，还可以对图像中的单一颜色进行更改，其快捷键为 Ctrl+U，调出面板如图 4.26 所示。

（1）【编辑】：单击 ▼ 按钮可以调整颜色的范围，包括全图和所有的单色。

（2）【色相】：控制滑块：通过滑块来调整图像的色相，具体的变化对比下方色环的位置进行定义，如图 4.27 所示。

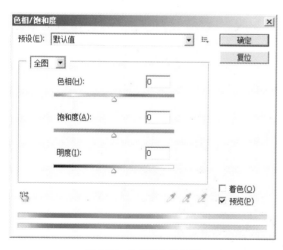

图 4.26 色相饱和度面板

图 4.27 色相调整前后变化

（3）【饱和度】：控制颜色的数量，数值越大颜色会越艳丽，反之会变成灰度图片，如图 4.28 所示。

（4）【明度】：利用数值控制整体图像在黑到白之间进行变化，如图 4.29 所示。

图 4.28　饱和度调整前后　　　　　　　　　　图 4.29　明度调整前后

（5）【着色】：勾选此项后，颜色会被统一替换成一种自定义的颜色，如图 4.30 所示。

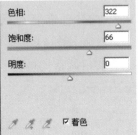

图 4.30　着色后效果

新版本中仍然还是添加了 ![] 命令，以控制局部颜色的快速调整，当激活按钮后，将鼠标放置于要调整的颜色上方，按住左键进行拖动，光标将变成 ![]，拖动鼠标将改变饱和度，配合 Ctrl 键将改变色相。

（6）应用实例。

1）局部颜色的替换。首先打开图像素材（图 4.31）。

a. 例如，我们想一次性替换整个建筑的顶部绿色区域，可是常规加选的方法可能会将工作变复杂，所以我们用另外的思路来操作，首先为建筑建立一个简单的选区，目的是为将周围的绿色植物和顶部分开，效果如图 4.32 所示。

图 4.31　原图

b. 然后直接调出色相饱和度面板，选择 ![] 按钮将光标放置在绿色房顶上，按住 Ctrl 键进行拖动，得到如图 4.33 效果。

图 4.32　制作选区

图 4.33　调整后的效果

2）制作特殊风格的图像颜色。打开原始图片，如图 4.34 所示。

图 4.34　原图

a. 直接切换到【通道】面板，单击蓝色通道，并将前景色调整为 128 的灰色，然后填充蓝色通道，效果如图 4.35 所示。

图 4.35　通道修改以及效果

b. 执行滤镜 / 镜头校正命令，拖动"晕影"选项组中的"数量"的"中心点"滑块，为四个边角添加暗角的效果，如图 4.36 所示。

图 4.36　镜头校正滤镜效果

c. 执行色相 / 饱和度命令，在"全图"的编辑模式下提高饱和度；然后分别切换到"黄色"和"蓝色"，单独对这两种颜色进行调整，参数如图 4.37 所示，效果如图 4.38 所示。

图 4.37　面板调整参数

d. 最后利用图像 / 调整 / 亮度对比度来增加图像的细节部分，如图 4.39 所示。

图 4.38　效果

图 4.39　最终效果

7.【色彩平衡】

色彩平衡顾名思义，就是用来调整整个色彩之间平衡的命令，它可以分别对图像中较暗的颜色区域（阴影）、过渡色区域（中间调）、较亮的颜色区域（高光）进行调整，效果是显而易见的，完全实现所见即所得，原图以及效果如图4.40、图4.41所示。

图 4.40　原图

图 4.41　效果以及参数

8.【黑白】

这个命令是专门用来调整较为精细的黑白图像的命令，它最大的特点是在将原有图像转换为黑白图像的同时，可以对其原有颜色进行手动编辑，使得每一种颜色都有自己特定的灰度信息，使用的基本效果如图4.42所示。

（1）使用方法。

使用这个命令的整体思路有两个，一是拖动滑块，一边观察一边进行更改，另外一种方法是笔者推荐的，即将光标放置在想要调整的颜色区域内，光标会变成 ，然后直接拖动，得到最终效果，这种操作方式可以直接对滑块进行相应操作，省去了我们自己查找的时间。

使用预设文件效果。我们可以加载或自行存储效果文件，这种操作很类似画笔笔刷的载入和保存，只需要单击 按钮，就可以看到"存储预设"和"载入预设"两个命令。

为灰度色着色。用户只需要勾选 色调(T)，便可以为图片统一添加某种色调了，效果如图4.43所示。

图 4.42　基本效果

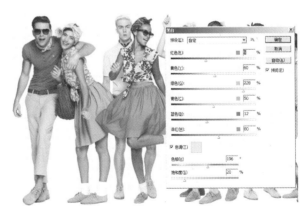

图 4.43　着色后效果

【自动】：单击此按钮，系统可以为当前图片设置随机采样的参数，其原则是将灰度的分布最大化，一般笔者会为每一张要变成黑白的图像先进行自动处理，将其作为调整的起点。

（2）应用实例。

很多使用过旧版本的用户应该会知道【去色】命令（快捷键为 Ctrl+Shift+U）我们先看看这两种方法对同一张图片的作用有什么区别，效果如图 4.44 和图 4.45 所示。

图 4.44　去色的效果

图 4.45　黑白命令调整后的结果

仔细观察发现，后者的颜色细腻程度是远远高于前者的，并且后者还可以进行进一步的颜色调整，所以操作性更强，大家可以看以下实验，任意建立画布，并在一个新层上绘制标准的红（R）绿（G）蓝（B）三种颜色，效果如图 4.46 所示。

执行去色后，效果如图 4.47 所示。

图 4.46　三原色

图 4.47　去色效果

由图 4.47 中不难看出，去色只是简单地将灰度值降低而已，但是一旦颜色的数值一样的时候，它就会丢失大量的灰度信息，所以，在制作精细的黑白写真等图像时，一定不要使用去色命令，否则大量的颜色细节将丢失。

9.【照片滤镜】

照片滤镜本身是照相机的一种配件，它相当于在镜头前面安装的一个滤光片，除了保护镜头之外还可以调节图像的色温；在软件中，可使用照片滤镜进行图像色调的控制。

打开图像，如图 4.48 所示。

直接调出照片滤镜，效果如图 4.49 所示。

图 4.48　原始图像

图 4.49　使用照片滤镜效果

（1）【滤镜】/【颜色】：前者为用户提供了预置的颜色效果，特别是对应的三组加温和冷却滤镜，直接定义了官方的颜色基调，也是用户会经常使用的一种设置模式，图 4.49、图 4.50 分别表现了使用加温或冷却滤镜的时候图像的效果。

图 4.50　冷却滤镜效果

当使用后者的时候，就可以直接打开"拾色器"直接进行任意调色了。

（2）【浓度】：控制调整颜色的色彩数量，数值越大颜色越深，如图 4.51、图 4.52所示。

图 4.51　颜色色彩数量 37%

图 4.52　颜色色彩数量 10%

（3）【保留透明度】：勾选后保持原有图像的透明度，如图 4.53 所示，而取消后则会因为颜色的混合而图像变暗，如图 4.54 所示。

图 4.53　选择保留明度

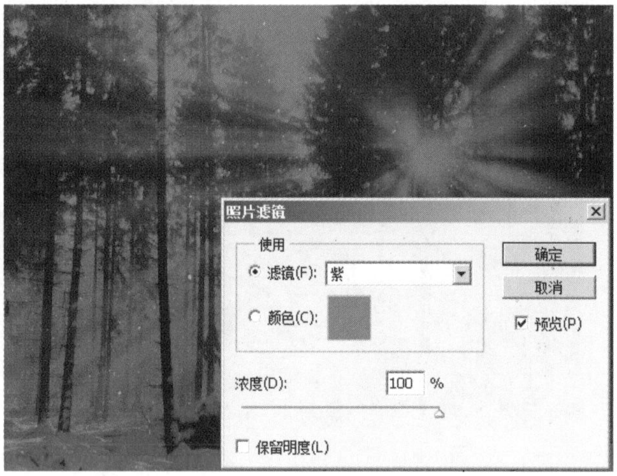

图 4.54　取消保留明度

10.【通道混合器】

通道是存放颜色信息的容器，我们可以直接对通道的亮度进行调节，以控制图像中颜色变化，而通道混合器则给我们更加灵活的颜色调节方式，它可以实现所选通道与我们要调节的颜色通道进行混合。

打开素材图片，调出通道混合器，如图 4.55 所示。

（1）【预设】：该选项的下拉列表中为我们提供了系统预设的多种黑白效果（值得注意的是，在早期的版本中由于没有【黑白】命令，所以要想得到较好

图 4.55　使用通道混和器

的黑白照片必须通过【照片滤镜】才能得到。）

（2）【输出通道】：通过切换选择需要调整的通道。

（3）【源通道】：用来设置输出通道中各种颜色所占的比重，滑块向右移动增加颜色所占比重，向左移动降低比重，负值可以使源通道在被添加到输出通道之前反相，调整后效果如图4.56所示。

图4.56　通道混合器调整后效果

11.【反相】

反相的操作是最简单最直观的操作之一，在执行命令后，所有的颜色取其色环上相对的颜色，实现正片和负片之间的相互转换，效果如图4.57所示。

图4.57　反相的前后效果

12.【色调分离】

此命令是按照指定色阶数减少图像的颜色，从而简化颜色的过渡，效果如图4.58所示。

原　图

色阶：4

色阶：17

图4.58　数值不同状态下的效果

13.【色调均化】

此命令可以对现有图像进行像素的重新排列，将图像中最亮的颜色变为纯白色，最暗颜色调整为黑色，中间的过渡颜色将分布在整个灰度范围中，效果如图 4.59 所示。

图 4.59　使用色调均化前后效果对比

14.【渐变映射】

渐变映射最大的特点是会将现有图像的颜色转换为灰度色，然后使用一种人为指定的颜色过渡对其进行填充，效果如图 4.60、图 4.61 所示。

图 4.60　原图　　　　　　　　　　　　　　　图 4.61　渐变映射效果

（1）【灰度映射所用的渐变】：单击右侧三角按钮，可以进行预置颜色的添加；也可以单击颜色区域，自己对其进行颜色的编辑，效果如图 4.62、图 4.63 所示。

（2）【仿色】：通过精确计算颜色之间的过渡，自动添加随机的杂色，以实现渐变更加平滑的效果。

（3）【反相】：将设置的颜色渐变方式取反操作。

15.【可选颜色】

调整颜色是通过控制印刷的油墨量，来控制颜色的。主要调节的颜色就是 CMYK 所表示的颜色（青色、洋红、黄色、黑色），面板效果如图 4.64 所示。

图 4.62　选择黑白的渐变效果

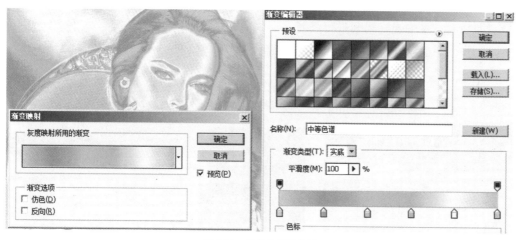

图 4.63　自定义颜色效果

（1）【颜色 / 滑块】：单击颜色后面的 ▼ 按钮，可以在下拉列表中选择所要调整的颜色，然后，通过下面的滑块进行油墨颜色的添加或是减少，总体效果如图 4.65 所示。

图 4.64　可选颜色面板

图 4.65　调整效果

（2）【方法】：通过"相对"和"绝对"的方式来设置整体可选颜色的百分比。

我们可以通过切换颜色的方式对整体的图像进行进一步调整，效果如图 4.66 所示。

图 4.66 调整前后效果

16.【阴影/高光】

此命令主要是针对照相时产生的逆光问题进行修复，主要功能是使暗的区域更亮一些，使亮的区域更暗一些，调整效果如图 4.67、图 4.68 所示。

图 4.67 使用前效果 　　　　　　　　　　图 4.68 基本调整后效果

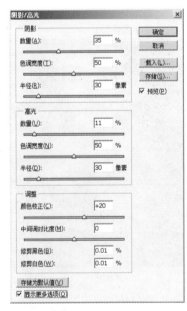

图 4.69 全部面板

勾选"显示更多选项"，可以将整个面板的所有选项调出，如图 4.69 所示。

（1）【阴影组】：手动拖动"数量"滑块，控制阴影强度，数值越高，阴影越亮；"色调宽度"决定调整范围大小，数值越大，调整范围越大；"半径"可控制每个像素周围相邻像素的大小。

（2）【高光组】：所有的项目解释和【阴影组】是完全相同的，只是上述是对图像中较暗的颜色区域进行操作，后者是对图像中较亮的颜色区域进行操作。

（3）【颜色校正】：当对较暗颜色的区域调亮的时候，颜色虽然变亮了，但是在色彩的艳丽程度上还不够，所以可以调高这个选项的数值，使图像中颜色的数量更多一些。

（4）【中间调对比度】：主要调整图像的灰度系数，数值偏左图像变灰，数值偏右对比度增强。

（5）【修剪黑色/修剪白色】：控制图像中有多少数量的高光（255

的颜色区域）或是有多少数量的阴影（0 的颜色区域）进入到修饰的范畴，两个数值越大，对比度越强，这就意味着有更多的图像颜色进入到了修饰区域。

（6）【存储为默认值】：将之前调整过的所有数值设置为默认打开对话框时的数值；按住 Shift 键，单击该按钮将变成恢复为默认值。

17.【HDR 色调】

此命令顾名思义主要是针对 HDR 图像进行操作的，但是可以借助里面的很多命令，对现有普通图片进行操作，效果前后如图 4.70、图 4.71 所示。

图 4.70　原图　　　　　　　　　　图 4.71　基本效果

（1）【预设】：系统自带效果，可以直接使用。

（2）【方法】：总共分为"局部适应"、"曝光度和灰度系数"、"高光压缩"以及"色调均化直方图"；前两种方法可以适用于所有类型图像，后两种特别针对于 HDR 贴图才可以。

（3）【边缘光】：通过"半径"滑块控制边缘光线分布的大小，数值越大光线分布越广，反之会降低范围，如图 4.72 所示；强度则是整体控制边缘亮度的参数，调整效果如图 4.73 所示。

半径：1　　　　　　　　　　半径：500

图 4.72　半径调整效果

强度：0.1　　　　　强度：4

图 4.73　强度变化效果

（4）【色调和细节】：通过"灰度系数"和"曝光度"控制图像整体的对比度和亮度；通过"细节"控制调整过程细节局部图像细节的变化；通过"阴影"、"高光"控制图像中暗部和亮部颜色的变化，基本效果如图 4.74 所示。

（5）【颜色】：主要是通过饱和度和自然饱和度进行色相的调整，具体参数见上述【自然饱和度】命令。

（6）【色调曲线和直方图】：相当于将原有的曲线命令，加入到这个面板中，具体的参数详见【曲线】命令，效果如图 4.75 所示。

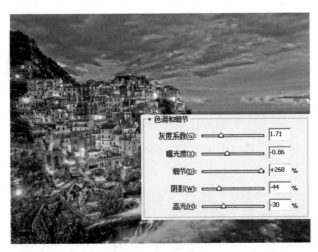

图 4.74　色调和细节效果

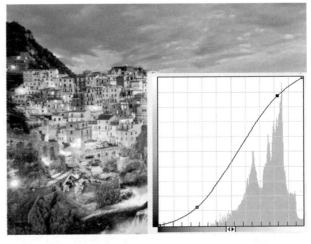

图 4.75　曲线调整后的效果

18.【变化】

此命令是 Photoshop 中使用起来最直观的命令了，面板如图 7.76 所示。

（1）【加深颜色】：通过下面的文字提示可以轻松对现有图像进行某一种颜色的添加，并且可以根据需要进行多次单击，以实现重复添加颜色的效果。

（2）【阴影 / 中间调 / 高光】：通过不同的切换，调整不同区域中的效果，面板中还用着重的颜色为用户表明了不同的溢色区域，效果如图 4.77 所示。

（3）【饱和度 / 显示修剪】：前者用来调整图像中色彩的数量，勾选后将只剩下 3 个缩略图，如图 4.78 所示。

修剪则是显示饱和度是否超出最高限度的命令，勾选显示后，溢色区域会以较重的颜色显示，最后整体调整后的结果如图 4.79 所示。

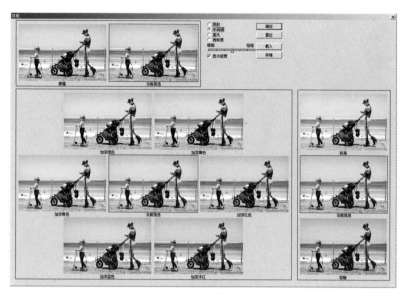

图 4.76 变化面板

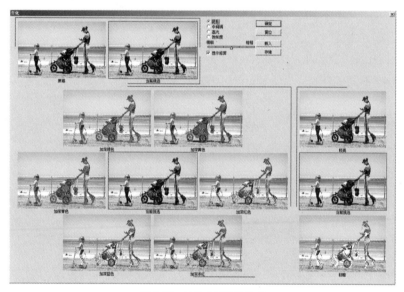

图 4.77 切换成阴影后效果

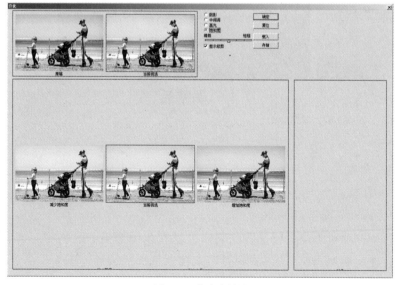

图 4.78 饱和度效果

第4章 Photoshop中的
常用工具菜单

调整前　　　　　　　　　　调整后

图 4.79　调整前后效果

19.【匹配颜色】

匹配颜色的最大特点是可以实现一幅图像的颜色与另一幅图像的颜色相匹配，对此除了可以使多幅图像的颜色相一致外，还可以制作出非常特殊的效果，面板以及效果如图 4.80、图 4.81 所示。

图 4.80　匹配颜色面板

（1）【源】：此命令是面板中最关键的命令，通过后面的三角按钮切换不同的匹配的源。

（2）【图像选项】：由"明亮度"、"颜色强度"以及"渐隐"三个命令组成，可以通过调节他们对两个图像的匹配程度进行精细的调整，其中最明显的命令是"渐隐"可以直接快速改变匹配颜色的强度。

调整前　　　　　　　　　　调整后

图 4.81　调整前后

20.【替换颜色】

此命令可以选中图像中的一种颜色（可以是非连续的颜色），然后将其进行颜色属性（色相、饱和度、明度）的修改。

首先打开素材图片，调出面板，如图 4.82 所示。

（1）【选区】：主要通过这个选项对图像进行选区的制作。单击图像某个区域获得选区；单击实现加选；实现减选区。"色彩容差"来控制选择区域的范围，数值越大，相近的颜色范围越大，反之范围越小。面板中的预览区域显示当前选区位置，白色为选区，黑色为非选区，灰色是半透明选区。

（2）【替换】：此选项主要通过"色相"、"饱和度"以及明度来控制将要替换后的颜色，除了滑块的调整之外，也可以利用拾色器进行颜色的调整，调整后面板如图 4.83 所示。

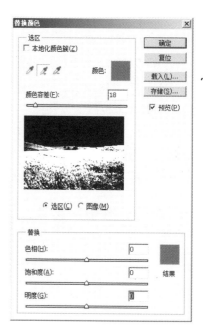

| 图 4.82　原图 | 图 4.83　调整后面板 |

调整以后的整体结果如图 4.84 所示。

图 4.84　最终效果

4.1.3　图像大小

【图像大小】命令主要控制整体图像的大小以及分辨率，面板如图 4.85 所示。

（1）【像素大小】：直接修改图像大小，后面的单位可以根据实际情况进行更换。

（2）【文档大小】：此选项主要针对需打印的文档进行设置，宽/高度可以直接进行调整，改变一次输出尺寸；分辨率的调整是直接影响输出图像品质的关键，数值越大，品质会越好，但是油墨的使用量将增加。

图 4.85　图像大小面板

（3）【缩放样式】：决定使用的样式是否根据图像的变化而变化，默认勾选。

（4）【约束比例】：决定是否约束比例进行大小变化。

（5）【重定图像像素】：对现有缩放后图像的像素是否进行重新定义。

（6）【计算方法】：单击后面三角符号切换不同的计算方法，主要是通过不同的计算方法来控制缩放图像的各种品质。

（7）【自动】：单击后会弹出另外的对话框，如图 4.86 所示，通过数值或是下方的选择调整实际印刷的各种效果。

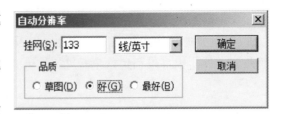

图 4.86　自动分辨率

4.1.4　画布大小

只修改画布，不修改图片，这样在修剪变小的时候，多余图像会被裁切；通过"定位"来控制裁切的位置以及方向（图 4.87）。

4.1.5　图像旋转

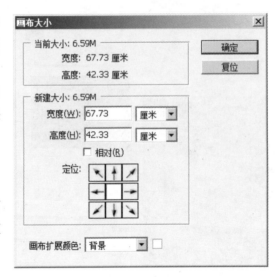

图 4.87　画布大小面板

此命令主要是对画布进行各个角度的旋转使用；基本的旋转不再赘述，只是说明其中的【任意角度】命令的使用技巧，对话框如图 4.88 所示。

可以根据实际的需要在选框中输入任意度数以及选择顺时针或逆时针的方式。另外此命令还可以配合工具面板中的标尺工具协同使用，具体方法为，首先使用标尺在图像中绘制成角度的辅助线，如图 4.89 所示。

下面直接调出【任意角度】对话框，如图 4.90 所示。

单击确定，效果如图 4.91 所示。

利用这样的属性，我们可以轻松校正倾斜的图像，效果如图 4.92 所示。

图 4.88　旋转画布对话框

图 4.90　任意角度对话框

图 4.89　使用标尺工具

图 4.91　最终效果

图 4.92　图像旋转前后对比

4.2　编辑菜单

编辑菜单中放置着 Photoshop 中大多数的编辑命令，他们在工作中的使用频率也是相当高的，而且更多的时候，很多用户会对快捷方式情有独钟。

4.2.1　基本命令菜单

这些菜单基本都是使用快捷方式来调用的，所以进行统一说明。

（1）【后退】：Ctrl+Alt+Z，可以根据历史记录状态进行多次的后退。

（2）【前进】：Ctrl+Shift+Z，与后退执行相反的操作。

（3）【渐隐】：Ctrl+Shift+F，当对图像使用各种调整命令的时候，可以通过此命令对图像使用的效果进行"衰减"操作；同时还可以配合其中的混合模式对现有衰减后的图像以及之前的原图进行混合以达到一种特殊的效果如图 4.93、图 4.94 所示。

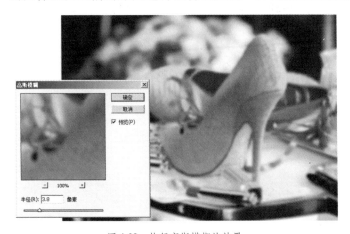

图 4.93　执行高斯模糊的效果

图 4.94　执行渐隐的效果

（4）【合并拷贝】：将所有图层共同作用得到的效果进行全选，然后复制，这时你就可以直接进行粘贴，得到一个新的图层，效果如图 4.95、图 4.96 所示。

（5）【选择性粘贴】：由"原位粘贴"、"粘贴到内部"以及"外部粘贴"共同组成，用户可以根据情况任意选择。

4.2.2　填充

此命令在新版本中添加了新的元素，快捷键是 Shift+F5，面板如图 4.97 所示。

图 4.95 多个层共同作用效果

图 4.96 得到最终效果

（1）【内容】：选择用什么元素进行填充，包括"前景色"、"背景色"以及"内容识别"等。

（2）【混合】：在进行填充时使用什么样的混合模式以及填充的不透明度为多少。

（3）应用实例：使用"内容识别"快速进行图像的修饰。

"内容识别"是 Photoshop CS5 的新增功能之一，可以快速完成图像的修复工作。

1）首先，打开图像素材，然后对需要进行修饰的区域制作选区，效果如图 4.98 所示。

图 4.97 填充面板

图 4.98 制作选区

2）按 Shift+F5 键调出面板，然后直接在内容中切换到"内容识别"，其他参数默认，效果如图 4.99、图 4.100 所示。

图 4.99 选择内容识别

图 4.100 最终效果

4.2.3 描边

顾名思义，描边主要是针对图像元素进行边缘的处理，效果如图 4.101 所示。

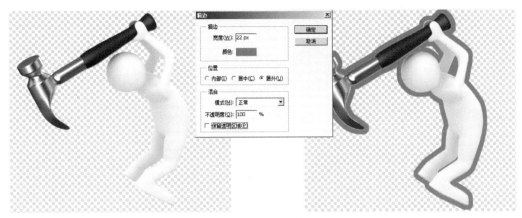

图 4.101　边缘处理效果图

4.2.4 内容识别比例

这是一种更加智能的大小缩放工具，它可以直接根据图像显示的主题内容，以及个人的定义，实现内容识别的智能缩放。

1. 自动识别主题内容

（1）打开素材图像，如图 4.102 所示。

图 4.102　原图

（2）我们使用传统的缩放对当前图像进行编辑，得到如图 4.103 所示的效果。

图 4.103　缩放

（3）使用内容识别比例可以得到如图 4.104 所示的效果。

图 4.104　使用内容识别

很明显我们发现后者的图像并没有发生太多的比例失真的现象。

2. 保护肤色

在对人物做上述操作的时候，往往需要更加精确的保护，所以程序提供了保护肤色的功能。

（1）在默认的情况下，人物的变形有时会像图 4.105 所示的效果。

（2）此时用户只需要勾选选项面板中的 👤 按钮，得到如图 4.106 所示的效果。

图 4.105　默认情况下对皮肤支持效果不佳

图 4.106　皮肤得到一定保护

3. Alpha 通道保护

我们可以让内容识别更加精确。

（1）使用工具的时候，将选项中的"保护"更换为用户自行绘制的 Alpha 通道选区（图 4.107），执行变形操作，效果如图 4.108、图 4.109 所示。

图 4.107　图像中存有 Alpha 通道

图 4.108　保护 Alpha 通道选区

图 4.109　最终效果

（2）从图中可以看出，后面的背景已经扭曲的很严重了，但是前面的人物还是可以保持原有比例不变。

4.2.5　操控变形

（1）操控变形是由 After Effects 软件中的图钉工具演化过来的，其使用的方法也是基本接近。

1）首先打开素材图片，如图 4.110 所示。

2）使用钢笔工具将人物进行提取，得到如图 4.111 所示的效果。

图 4.110　原图

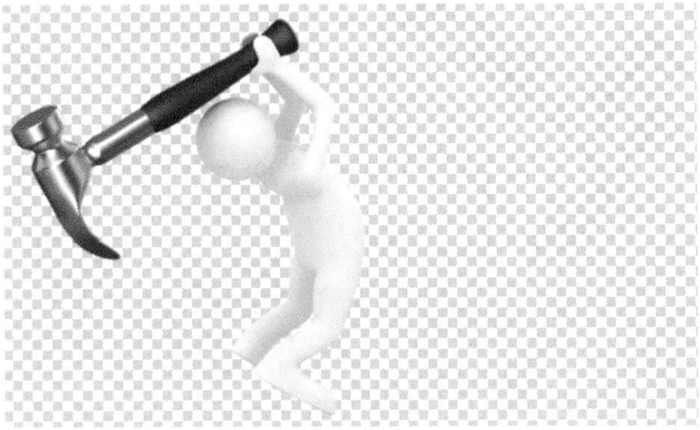

图 4.111　使用钢笔工具提取人物

3）执行【编辑】/【操控变形】命令，图像将会出现很多多边形的辅助线，如图 4.112 所示。

4）此时，便可以使用鼠标单击图像区域，为其添加"图钉"标示，然后用户可以多次添加图钉，并且对其进行拖拽移动，效果如图 4.113 所示。

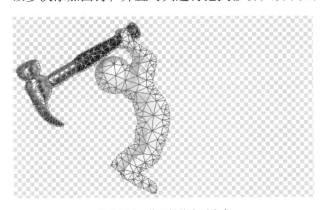

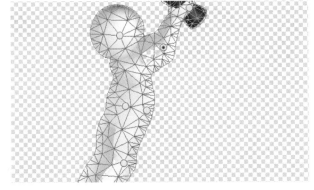

图 4.112　使用操控变形命令

图 4.113　使用图钉工具

5）可以通过右键单击图钉，对其进行相应编辑，如图 4.114 所示。

6）用户可以根据实际情况继续添加节点控制的图钉，然后进行拖拽，直到满意为止，效果如图 4.115 所示。

（2）在使用工具的时候，

图 4.114　编辑图钉

图 4.115　最终效果

工具栏上方的选项中，也有值得我们注意的命令。

1)【模式】：默认的时候是"正常"，可以切换到"刚性"或"扭曲"进行模型细节的变化操作。

2)【浓度】："较少点"，网格点较少，如图 4.116 所示，此时放置图钉的数量也较少，且之间要有很大的间距，才能正常使用；"正常"，网格数量适中，如图 4.117 所示；"较多"则是更密的网格，如图 4.118 所示。

图 4.116　网格点较少　　　　　　　　　　图 4.117　网格点适中

3)【扩展】：用来控制变形效果的衰减范围，较大的范围变形会越发平滑，越小的范围变形越生硬，如图 4.119、图 4.120 所示。

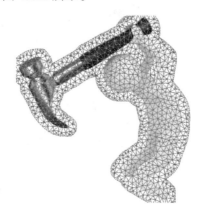

图 4.118　网格点较多　　　　　图 4.119　变形范围较大　　　　　图 4.120　变形范围较小

4.3　选择菜单

选择菜单的功能主要是和选区打交道，主要是对已经制作完成的选区进行修饰，下面我们就几个重要的命令进行详细讲解。

4.3.1　色彩范围

色彩范围主要是通过拾取相近的颜色，以将他们快速地制作成选区的范围，面板如图 4.121 所示。

选择吸管工具，单击拾取图像的部分，缩略图会以黑白灰三色进行分步显示，拾取的相近颜色区域将变成白色，即为拾取部分（这和通道的原理很相似），效果如图4.122 所示。

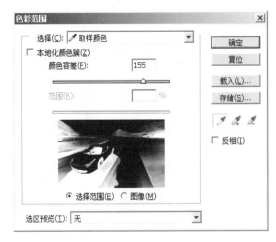

图 4.121　色彩范围面板

图 4.122　拾取图像

【选择】：可以通过直接定义 RGB 或 CMY 的颜色来直接制作相应的选区，效果如图 4.123 所示。

单击确定后，得到如图 4.124 所示选区效果。

图 4.123　定义颜色

图 4.124　最终效果

4.3.2　调整边缘

调整边缘是新版本中最引人注目的功能之一，这使得我们在现如今在进行图形提取的时候变得更加容易。具体的操作方法如下。

（1）打开一幅图像，绘制如图 4.125 所示选区。

（2）利用普通的套索工具绘制选区，绘制时一定要将所有要提取的头发部分涵盖进选区内，如图 4.126 所示。

图 4.125　原图

（3）执行【选择】/【调整边缘】，调出对话框和效果如图 4.127 所示。

从上图中可以看出基本的效果已经实现。

1)【视图】：通过不同的视图显示状态，满足不同的观察需求，在本案例中我们选择的是"背景图层"，这样就直接可以看到最终的实际效果了。

2)【边缘检测】：由"智能半径"和"半径"组成；智能半径可以智能为选区进行优化；半径数值的大小决定着选区的精细程度。

3)【调整边缘】：主要由"平滑"、"羽化"、"对比度"和"移动边缘"组成，其主要目的都是为了对当前选区进行细节的操作，大家可以根据实际情况自行调整，每拖动一次滑块，效果会立刻出现在图像当中。

4)【输出】："净化颜色"勾选后，可以调节数量滑块实现清除图像的彩色杂边，数值越大，清除的范围越广；"输出到"则是可以选择将最终的效果保存为什么方式进行显示，一般笔者建议使用"新建带有图层蒙版的图层"选项。

5)【调整半径 / 恢复半径】：在面板最左侧，单击按钮，调出两个工具，效果如图 4.128 所示。

图 4.126 利用套索工具绘制选区

图 4.127 调整边缘

选择 工具，涂抹图像中白色的区域，值得注意的是，在涂抹的过程中画笔中间的"+"符号一定不要碰到要提取的物体，涂抹边缘后的效果，以及面板的最终设置，如图 4.129 所示。

6)【记住设置】：勾选后可以保存为默认设置。

最后的效果以及图层效果如图 4.130 所示。

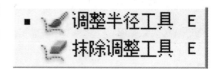

图 4.128 调整半径 / 恢复半径

图 4.129 涂沫边缘后效果

图 4.130 最终效果

第5章

色彩模式

色彩模式是数字世界中表示颜色的一种算法。在数字世界中，为了表示各种颜色，人们通常将颜色划分为若干分量。由于成色原理的不同，决定了显示器、投影仪、扫描仪这类靠色光直接合成颜色的颜色设备和打印机、印刷机这类靠使用颜料的印刷设备在生成颜色方式上的区别，所以针对不同的设计领域，色彩模式的选择显得尤为重要。

5.1　RGB 色彩模式

RGB 模式是通过红、绿、蓝 3 种原色光混合的方式显示颜色的，所有的自发光设备，包括显示器、数码相机、扫描仪等在颜色的显示上都是使用的 RGB 模式，在 24 位图中，每一种颜色都有 256 种亮度值，所以，依次判断，RGB 模式可以支持大约 1670 万种颜色，如图 5.1、图 5.2 所示；另外这个模式也是软件操作的首选模式，也只有在这个模式下，软件的所有功能才能得到最大限度的发挥。

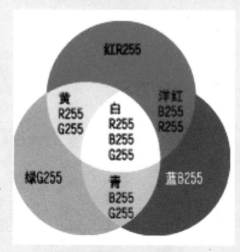

图 5.1　RGB 颜色配比关系

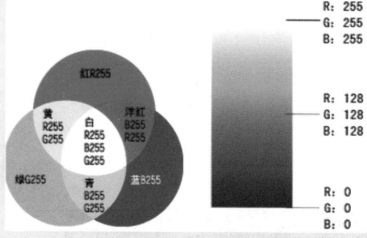

图 5.2　RGB 颜色的灰度级别显示

5.2 CMYK 模式

1. CMYK 模式概念及原理

简单说就是专门用来印刷的颜色。

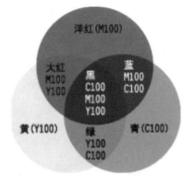

图 5.3 CMYK 颜色的混合模式

它是另一种专门针对印刷业设定的颜色标准，是通过对青（C）、洋红（M）、黄（Y）、黑（K）四个颜色变化以及它们相互之间的叠加来得到各种颜色的，CMYK即是代表青、洋红、黄、黑四种印刷专用的油墨颜色，也是 Photoshop 软件中四个通道的颜色，如图 5.3 所示。

具体到印刷上，是通过控制青、洋红、黄、黑四色油墨在纸张上的相叠印刷来产生色彩的，它的颜色种数少于 RGB 色。

关于 CMYK 色彩模式，是在平面设计领域中最常用的模式，因为其可以直接和打印机或是大型印刷机"联姻"，所以，每一个设计的任务的最后，设计人员大多会将文档转换成 CMYK 模式，然后直接进行后期的出图工作。

混色设定（减法混合）：CMYK 是以对光线的反射原理来设计定的，所以它的混合方式刚好与 RGB 相反，是"减法混合"——当它们的色彩相互叠合的时候，色彩相混，而亮度却会减低。为什么会这样呢？来看看光线是怎样通过印刷品而进入眼睛的，就会清楚了，如图 5.4 所示。

把四种不同的油墨相叠地印在白纸上后，由于油墨是有透明度的，大部分光线第一次会透过油墨射向纸张，而白纸的反光率是较高的，大部分光线经白纸反射后会第二次穿过油墨，然后射向眼睛，此时光线对油墨的透射就产生了色彩效果。

实际上这时我们就好像在看着多个重叠的有色玻璃一般，光线多穿过一层，亮度就降低一些，而颜色也会相互混合一次。

青、洋红、黄三色印墨的叠加情况：中心三色的叠加区为黑色。

减法混合的特点：越叠加越暗。

在软件中，青、洋红、黄、黑四个通道颜色每种各按百分率计算，100% 时为最深，0% 时最浅，而黑色和颜色混合几乎没有太大关系，它的存在大多是为了方便地调节颜色的明暗亮度（而且在印刷中，单黑的使用机会是很多的）。

与加法混合一样，三色数值相同时为无色彩的灰度色，如图 5.5 所示。

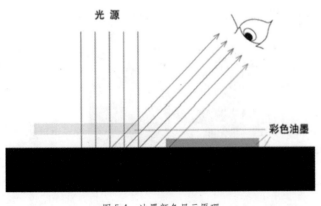

图 5.4 油墨颜色显示原理

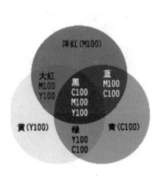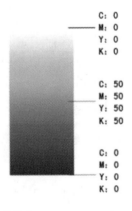

图 5.5 CMYK 灰度模式

2. 应用实例

RGB 是默认的编辑模式，CMYK 是默认的印刷模式，并且从颜色的实际数量范围来说，前者的数量一定是比后者的数量大的，那么这就意味着一个问题，当真的要进行印刷的时候，RGB 转换成 CMYK 一定会有颜色的丢失，我们怎样做到最大限度的保留原有颜色呢？

（1）首先，在进行打开图片之前，我们可以对现有的颜色环境进行一下简单的设置。

打开软件后，单击【编辑】/【颜色设置】，调出对话框，如图 5.6 所示。

选择工作空间中的 RGB，并将其修改为 AdobeRGB（1998），如图 5.7 所示。

大家可以将鼠标放置在如图 5.7 光标所示位置，这时您会发现面板下方出现了相应提示。

图 5.6　颜色设置对话框

图 5.7　设置以后的效果

（2）在为图像着色的时候，我们先要对选取的颜色进行控制，原则上是不使用 CMYK 色域以外的颜色，打开前景色拾取面板，如图 5.8 所示。

从图 5.8 中，我们可以看到光标所在位置出现了一个黄色的叹号，我们称之为色域警告，它在提醒我们，当前的颜色超出了打印范围，我们只需要点击一下这个标志，系统会自动地将颜色进行校正，转换到可以打印的颜色外围上去，效果如图 5.9 所示。

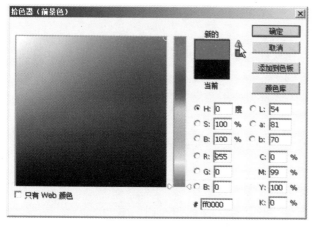

图 5.8　拾色器面板

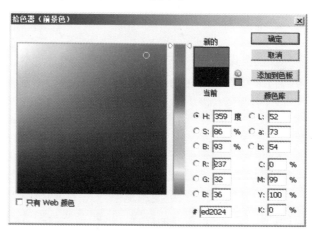

图 5.9　校正以后的颜色

（3）在出图之前，一定要对已完成作品进行【色域警告】的提示，它的快捷键是 Ctrl+Shift+Y，此时您会看到图像中明显的颜色变化，然后根据自己的需要，重新对其进行颜色调节。

（4）我们可以在设计的时候借助色标进行颜色的校样，这样的做法会更加快捷且准确，色标效果如图 5.10 所示。

图 5.10　色标效果

5.3　灰度模式

灰度模式不包含颜色的色相以及饱和度信息，此模式只有颜色的亮度信息，效果如图 5.11 所示。

图 5.11　使用灰度模式的前后对比

灰度模式在实际的工作中不会用于精确的黑白照片的输出，它只是作为一种过渡模式来使用的，在 Photoshop 当中，还提供了位图以及双色调模式，要想使用这两种模式，必须先将其转换成位图模式。

5.4　位图模式

位图模式只提供黑白两种颜色信息，适合艺术样式图像设计或进行单色的图像处理。

首先我们打开一幅任意的图片，先执行【图像】/【模式】/【灰度】命令，想将其转换为灰度图像，然后再次执行【位图】命令，将其转换为位图模式。得到如图 5.12 所示效果。

【输出】：在这里可以设置输出图像的分辨率，以达到图像不同的使用范畴。

【方法】：提供 5 种不同的样式。

【扩散仿色】：通过使用从图像左上角开始的误差扩散过程来转换图像，由于误差的原因会产生颗粒状的纹理，这些颗粒会随着分辨率的变化而变化，如图 5.13、图 5.14 所示。

图 5.12　灰度效果以及位图转换窗口　　　　　　　　　　　图 5.13　扩散仿色（分辨率 72）

【50% 阈值】：将 128 的中性灰作为中间分隔线，高于此数值的统一转换为白色，低于此数值的则转换为黑色，如图 5.15 所示。

图 5.14　扩散仿色（分辨率 300）　　　　　　　　　　　图 5.15　50% 阈值效果

【图案仿色】：用黑白点图案来模拟色调和渐变，一般报版印刷常用到这种模式，如图 5.16 所示。

【半调网屏】：可以模拟平面印刷中使用的半调网点的外观，是适合丝网印刷的模式；在后面的设置对话框中，可以根据实际情况定义网点的类型，如图 5.17 所示。

图 5.16　图案仿色效果　　　　　　　　　　　图 5.17　半调网屏效果

【自定义图案】：顾名思义，可以选择一种自定的图案来模拟图像中的色调信息，效果如图 5.18、图 5.19 所示。

图5.18 自定义图案设置

图5.19 效果

5.5 双色调模式

采用2~4种彩色油墨混合其色阶来创建双色调（2种颜色）、三色调（3种颜色）、四色调（4种颜色）的图像，在将灰度图像转换为双色调模式图像的过程中，可以对色调进行编辑，产生特殊的效果。使用双色调的重要用途之一是使用尽量少的颜色表现尽量多的颜色层次，减少印刷成本，面板如图5.20所示。

双色调使用不同的彩色油墨重现

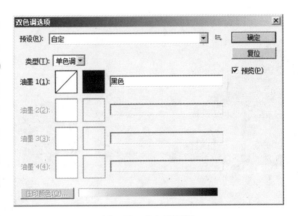

图5.20 双色调面板

不同的灰阶，因此在 Photoshop 中，将双色调视为单通道、8位的灰度图像。在双色调模式中，不能（像在 RGB、CMYK 和 Lab 模式中那样）直接访问个别的图像通道。而是通过"双色调选项"对话框中的曲线操纵通道，如图5.21所示。

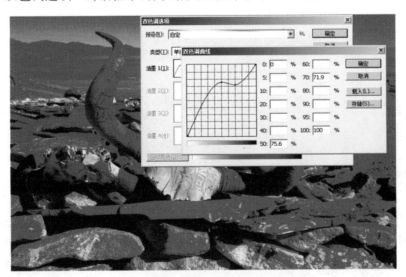

图5.21 双色调曲线调整的结果

【预设】：主要是系统为我们提供了现实印刷中最常用的几种双色调的方式，如图5.22所示。

【类型】：可以手动切换成为单色至四色的不同类型，图5.23为4色的效果。

图 5.22　使用预设的效果

图 5.23　四色调效果

【压印颜色】：压印颜色是相互打印在对方之上的两种无网屏油墨。例如，在黄色油墨上打印青色油墨时，产生的压印颜色是绿色。打印油墨的顺序以及油墨和纸张的改变会显著影响最终结果。为了帮助预测颜色打印出的外观，请使用压印油墨的打印色样来调整网屏显示。此调整只影响压印颜色在屏幕上的外观，并不影响打印时的外观。

在实际的工作中，使用双色调最大的用途就是印刷时颜色更加精确并可以节省油墨，所以在使用此模式并进行调色的时候，建议直接使用"PANTONE"颜色库，如图 5.24 所示。

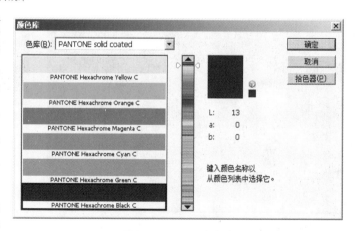

图 5.24　PANTONE 颜色库

5.6 多通道模式

在多通道模式中，每个通道都适用256灰度级存放着图像中颜色元素的信息。该模式多用于特定的打印或输出。当将图像转换为多通道模式时，可以使用下列原则：

颜色：原始图像中的颜色通道在转换后的图像中变为专色通道。

通过将CMYK图像转换为多通道模式，可以创建青色、洋红、黄色和黑色专色通道。

通过将RGB图像转换为多通道模式，可以创建红色、绿色和蓝色专色通道。

通过从RGB、CMYK或Lab图像中删除一个通道，可以自动将图像转换为多通道模式，如图5.25所示。

对有特殊打印要求的图像非常有用。例如，如果图像中只使用了一两种或两三种颜色时，使用多通道颜色模式可以减少印刷成本。

图5.25 由RGB模式直接转换为多通道模式

5.7 Lab模式

1. Lab模式介绍

Lab模式是Photoshop中支持颜色最广的一种模式，一般多作为转换颜色模式的中间过渡色彩模式。

在Lab模式中，"L"代表亮度，其范围是0~100；"a"代表由绿色到红色的光谱变化；"b"代表由蓝色到黄色的光谱渐变，"a"和"b"的取值范围均为+127~-128。

Lab模式在照片调整的过程中有着非常大的优势，例如，我们在处理明度通道时，可以在不影响色相和饱和度的情况下轻松修改其明度信息，如图5.26和图5.27所示调整"L"的前后效果。

图5.26 原图

图5.27 效果

2. 应用实例

利用 Lab 模式模拟色盲的世界。

（1）任意打开图片，如图 5.28 所示。

图 5.28　原图

（2）将其转换成 Lab 的色彩模式，然后切换到通道面板，将"a"通道的眼睛关闭，如图 5.29 所示，为红绿色盲眼中的世界。

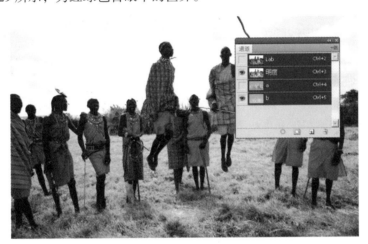

图 5.29　红绿色盲眼中的世界

（3）重新打开"a"通道，关闭"b"通道，如图 5.30 所示，为黄蓝色盲眼中的世界。

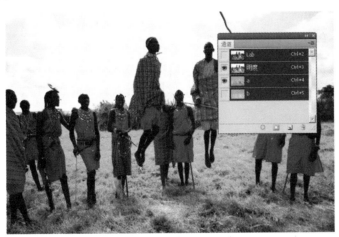

图 5.30　黄蓝色盲眼中的世界

（4）将"a"和"b"全部隐藏，如图 5.31 所示，为全色盲眼中的世界。

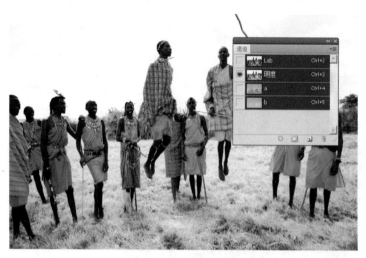

图 5.31　全色盲眼中的世界

5.8　索引模式

首先，索引模式是 GIF 格式图片的默认保存格式，它是通过构建一个颜色查找表，存放图像中的颜色，图 5.32 所示为索引颜色对话框。

【调板 / 颜色】：可以选择转换为索引颜色后使用的调板类型。

【强制】：可以选择将某些颜色强制包括在颜色表中的选项。选择"黑色和白色"，可将纯黑色和纯白色添加到颜色表中；选择"原色"，可添加红、绿、蓝、青、洋红、黄色等；选择"Web"可以添加 216 种颜色，所谓颜色表。

【杂边】：用于指定的颜色进行透明化后锯齿边缘的背景色。

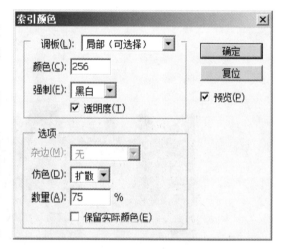

图 5.32　索引颜色对话框

【仿色】：通过下拉列表选择是否采用仿色。要模拟颜色表中没有的颜色可以用仿色；下方的数值用来控制仿色的数量，数值越大仿色会越多，同时会增加图像的存储容量。

值得注意的是 GIF 格式的图像一般是网页中的常用图像格式，图像本身支持透明背景和动画，但是在 Photoshop 中，一旦将其转换成索引颜色模式，软件中的很多功能将无法正常使用，所以建议大家在操作的时候要先制作，最后再将其转换成索引模式，直接输出即可。

5.9　位深度

位深度又称色彩深度，计算机之所以能够表示图形，是采用了一种称作"位"（bit）的记数单位来记录所表示图形的数据。当这些数据按照一定的编排方式被记录在计算机中，就构成了一个数字图形的计算机文件。"位"（bit）是计算机存储器里的

最小单元，它用来记录每一个像素颜色的值。图
形的色彩越丰富，"位"的值就会越大。每一个像
素在计算机中所使用的这种位数就是"位深度"。
在记录数字图形的颜色时，计算机实际上是用每
个像素需要的位深度来表示的。如图 5.33 所示，
为位深度切换面板。

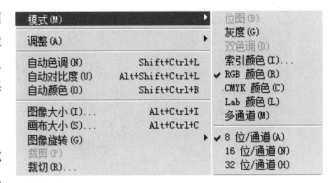

图 5.33　位深度切换模式

【8 位 / 通道】：位深度为 8，这种图像也是我
们日常使用频率最高的图像模式，每个通道可以
支持 256 种颜色（2 的 8 次方），图像可以反映出
1670 万以上的颜色数量。

【16 位 / 通道】：位深度为 16，每种通道支持高达 65000 中颜色信息；通过高清
扫描设备或单反相机可以轻松得到此类图像；多数情况下见到的最多的 16 位图都是
RAW（通用图像格式）格式的文档；16 位图像包含了比 8 位图像更多的颜色信息，所
以色彩会更加平滑、色调更加丰富。

【32 位 / 通道】：这类图像有个全新的名称，叫做高动态范围（HDR）图像，它
可以最大限度的保存几乎全部的实际影像的色彩以及光谱信息，所以是一种非常高端
的图像格式，一般用于影片、特殊效果和 3D 作品等。

5.10　颜色表

当色彩模式换成索引颜色的时候，可以直接选择【颜色表】命令，软件这时弹出
颜色表选项板，如图 5.34 所示。

图 5.34　颜色表选项

【自定】：创建制定的调色板。自定义颜色表的最大上限。

【黑体】：显示基于不同颜色的面板，模拟辐射物体被加热的状态，颜色由黑色到
红色、橙色、黄色和白色，图像的效果也会随之进行相应的变化，如图 5.35 所示。

【灰度】：显示基于从黑色到白色的 256 个灰阶的面板，如图 5.36 所示。

【色谱】：显示基于穿过棱镜所产生的调色板。

【系统（MacOS）】：显示标准 Mac 系统的标准 256 色。

【系统（Windows）】：显示标准 Windows 系统的标准 256 色。

图 5.35　黑体效果

图 5.36　灰度效果

第6章

图层和通道

有人会说，学习一个软件应该从其最精华的部分开始，那么Photoshop的精华是什么呢？从笔者的角度来看，Photoshop的精华绝对是图层和通道莫属了。这两个工具几乎蕴含了所有的日常操作技巧，从中用户可以实现所有的合成效果以及调色的效果，本章对这两个重要工具进行详细讲解。

6.1 图层的使用

6.1.1 图层的基本概述

按键盘上的 F7 键，可以快速调出图层面板，效果如图 6.1 所示。

1.图层的分类

【普通层】：只要是用户通过单击"创建新图层"得到的图层我们称其为普通层，在实际操作过程中，只要是添加一个新的元素，都要新建图层。

【组】：或者叫做图层文件夹会更合适，目的就是为了放置多个层，以进行统一的管理，在使用的时候，只需要选择相应的图层，然后按住鼠标左键拖入到一个组中即可。

【文本层】：当用户使用文本工具进行输入的时候，系统会自动生成文本图层，图层的缩略图会出现"T"字以示警醒。

【填充或调整层】：主要用于新建各种纯色、渐变填充以及调整图层；在第4章介绍了调整菜单，在这里，调整层的使用技巧和前面的菜单命令完全相同。

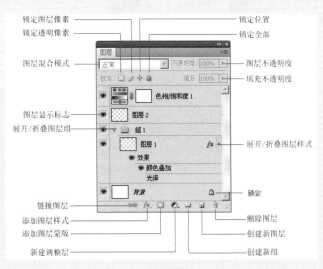

图 6.1　图层面板的基本结构

【背景层】：每次当用户有了一个属于自己的画布的时候，也就有了一个背景层，默认情况下背景层是锁定的。

2. 使用技巧

（1）背景层就像实际绘图中的画板，纸张可以随时改变，但是画板却只有一个，所以背景层基本上是不会动的。

（2）当构造的效果很繁琐以后，图层的使用频率自然会增多，所以要养成对图层进行重命名的习惯，方法很简单，只需要双击一下默认的图层名称，即可对现有图层名称进行修改了。

（3）组的使用方法和单独的图层类似，也要进行分类归档和重命名操作。

3. 图层操作的快捷方式

在很多操作的过程中，快捷方式的使用不可或缺的，所以建议新上手的用户可以有意识多去记忆一些快捷键。

（1）【Ctrl+J】：这是我们平时最常使用的快捷键之一，复制图层，值得注意的是，若原图层上有选区，此操作将会将选区中的元素提取出来。

（2）【Ctrl+Shift+J】：通过剪切的图层，原理和上面的基本类似，主要是将原有的图层直接进行剪切操作，并放入一个新的图层。

（3）【Ctrl+E】：合并图层，可已将多个图层进行向下方向的合并，默认可以合并两个图层；可以借助 Shift（加选）和 Ctrl（间隔加选）单击图层，进行选中，然后执行合并。

（4）【Ctrl+Alt+G】：剪切蒙版，主要是以下方图层中的形状显示上面的元素，具体效果如图 6.2、图 6.3 所示。

图 6.2　图层以及效果

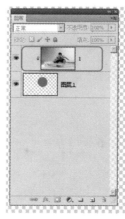

图 6.3　剪切蒙版的效果

> **注意：** 利用剪切蒙版的特点，用户还可以对调整图层进行相应操作，例如默认情况下，调整图层是对下方所有的图层进行统一调整，如图 6.4、图 6.5 所示。

4. 图层的属性

（1）【不透明度】：统一控制图层的不透明度效果；下方的填充只控制填充区域，而不会影响图层的样式。

（2）【显示/隐藏】：单击图层前方的 按钮，可以实现图层的隐藏或显示。

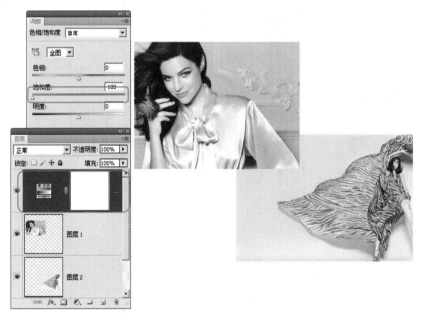

图 6.4　调整层默认对下方所有层有效果

图 6.5　将调整层制作成剪切蒙版以后

（3）【锁定】：单击面板上方的 按钮，可以实现"透明锁定"、"像素锁定"、"位置锁定"以及"完全锁定"。

（4）【链接图层】：单击图层面板下方的 按钮，实现多个图层的链接效果，这样可以在选中其中一个层的时候就对整组链接层进行位置、大小以及对其方式的调整了；在使用之前，必须配合着 Ctrl 或 Shift 键对图层进行加选，然后才能执行链接的操作。

5. 智能对象

（1）智能对象是从 Photoshop CS2 中开始沿用的工具，它的最大特点是可以允许图像在位图状态和矢量图状态之间进行来回切换，使得在对图像大小需要反复调整的时候，可以更加灵活自如。

打开一幅图片，先将其缩小，然后再将其放大，观察图像变化，效果如图 6.6 所示。

图 6.6　前后对比

很明显可以看出前后的变化，后者失真了。

现在借助于智能对象，我们将可以实现无损的编辑。首先选择需要转换成智能对象的图层（可以是多个图层，也可以是单个图层），右击图层，选择"转换为智能对象"命令，得到如图 6.7 所示效果。

图 6.7　智能对象标志

此时可以使用快捷方式 Crtl+T 调出任意变形命令，会出现一个交叉线，效果如图 6.8 所示。

此时用户可以任意的对其进行放大或缩小了，还可以对其执行 ⬛ 扭曲的操作，这些操作都不会对图像的像素有任何的伤害。

（2）使用技巧。

1）智能对象是在矢量状态下进行编辑的，所以有些针对特定位图的操作将不可执行。例如，在智能对象的编辑状态下，画笔将不可用。

2）利用智能对象还可以配合着滤镜一起使用，实现滤镜的反复调整，并且可以添加特设效果，效果如图 6.9 所示。

图 6.8　智能对象的缩放　　　　　　　　　图 6.9　智能滤镜效果

双击白色色块处，调出"滤镜蒙版显示选项"，如图 6.10 所示。

双击 ⇄ 按钮，调出混合选项，可以在这里对使用的滤镜和原始图像进行混合模式的调整，效果如图 6.11 所示。

图 6.10　滤镜蒙版显示选项

图 6.11　调整后效果

6.1.2　图层样式

1. 图层样式介绍

双击图层的缩略图，可以快速调出图层样式对话框，面板如图 6.12 所示。

【混合选项】：主要控制所制作的效果以及层的像素与其他层的混合状态。

【特效命令组】：主要由"投影"等项目组成，勾选后可以调出相应效果；直接单击可以进入到命令的调整面板中，这些调整选项在设置完毕后，在右边以及图像上都会产生相应的效果。

2. 应用实例

利用图层样式制作特殊质感文本。

（1）新建文档，1000×800（像素），对背景层使用滤镜/渲染/云彩命令，然后使用文本工具建立文字层，如图 6.13 所示。

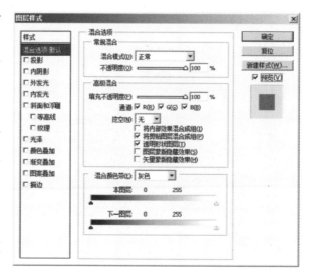

图 6.12　图层样式

（2）复制文字层，得到副本，直接对其进行高斯模糊处理，直到文字边缘和背景产生融合的效果，如图 6.14 所示。

（3）执行盖印操作（Ctrl+Shift+Alt+E）得到新层，切换到通道面板，按住 Ctrl 键单击任意通道，载入选区，然后单击创建蒙版按钮，图层如图 6.15 所示。

图 6.13　建立文字层

图 6.14　进行高斯模糊处理后

图 6.15　新图层

（4）下面是关键的操作了，双击图层 1 缩略图，调出图层样式面板来，具体参数设置如图 6.16 ~图 6.19 所示。

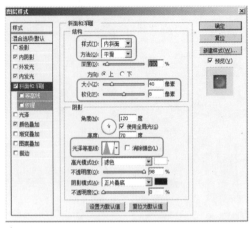

图 6.16　斜面和浮雕参数

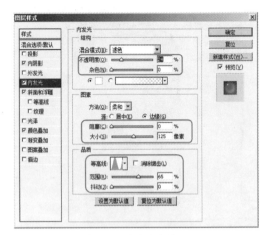

图 6.17　内发光参数

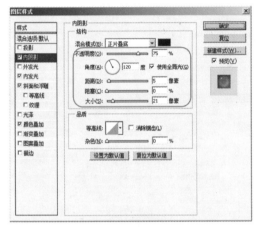

图 6.18　内阴影参数

图 6.19　颜色叠加参数

得到最终效果如图 6.20 所示。

注意：辛苦制作完的效果想重复使用，怎么办呢？方法很简单，只需要右击当前使用样式的图层，选择"拷贝图层样式"，紧接着选择需要再次使用的图层，右击选择"粘贴图层样式"即可直接获得效果。

要跨文档的使用，我们还可以对当前的样式进行永久性的保存。用户只需要选中相应样式的图层，执行【窗口】/【样式】命令，执行新建样式命令，单击确定即可，面板选项如图 6.21 所示。

图 6.20　最终效果

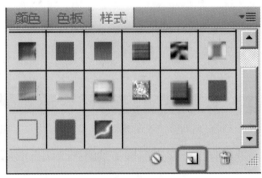

图 6.21　保存样式

6.1.3 图层的混合模式

1. 图层的混合模式介绍及工作原理

（1）在以前的旧版本中，图层混合模式被誉为是皇冠上的最亮的宝石，而随着软件的不断发展更新，新功能的增加，使得很多后来使用 Photoshop 软件的用户对它产生了一定的疏忽，实际上图层混合模式是一个非常好用的工具，他可以快速的使合成图像融为一体，最大限度的实现颜色的统一，混合模式的面板如图 6.22 所示。

每一个组别中的选项在功能上是大致相同的，只是在一些细微环节上有些不同。

（2）混合模式的基本工作原理。所谓混合模式是这样一种工具，即利用两幅以上的图片，从上而下，以一种特殊方式进行颜色的混合，效果如图 6.23 所示。

这里要注意的是，基色和混合色是相对而言的，并有着一定先后顺序的，换句话说，同样的混合模式，而两张图片调换一下上下顺序，效果也是会大不一样的，效果如图 6.24 所示。

图 6.23　两个图层共同作用效果

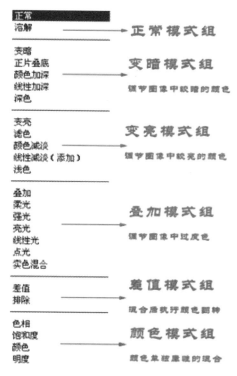

图 6.22　混合模式面板

图 6.24　两张图片调换顺序后的效果

当使用组的时候，可以将整个组，也就是多个图层同时作用于一个层，效果如图 6.25 所示。

在使用混合模式的时候，提供两种方法调整效果。当图像的颜色过重的时候，可以结合降低不透明度的方法来降低色彩的数量，甚至可以直接添加蒙版进行部分区域的隐藏；当效果不够明显的时候，可以执行 Ctrl+J 来加深混合。

2. 应用实例

利用混合模式制作特殊的合成效果。

（1）打开"苹果 .jpg"利用钢笔工具绘制苹果轮廓，将其进行提取操作；使用色相 / 饱和度命令对其进行颜色的调

图 6.25　多个图层同时作用一个个层

整；再次选择修复画笔工具，将苹果本身带的斑点进行修复，直到满意为止，效果如图 6.26 所示。

图 6.26　调整颜色效果

（2）打开"眼镜.jpg"，用魔术棒工具对背景进行选中，然后反选，提取图形，效果如图 6.27 所示。

图 6.27　利用魔术棒提取图形

（3）将提取出的图形拖动至文档中，放置在相应的位置，如图 6.28 所示。

（4）选择苹果所在层，制作如图选区，并将它复制粘贴到新的图层上去；利用蒙版将多余部分进行隐藏，效果如图 6.29 所示。

图 6.28　提取图形至文档　　　　　　　　　　　图 6.29　隐藏多余部分

（5）新建图层，填充黑色，将其拖至背景层和苹果层的中间；再将"背景火焰.jpg"拖入其中，并将不透明度设置为 37%，效果如图 6.30 所示。

黑色背景　　　　　　　　火焰背景　　　　　　　降低不透明度

图 6.30　设置背景

（6）使用色相/饱和度命令对眼镜进行调整；然后将"火焰1.jpg"和"火焰2.jpg"拖入文档，利用缩放工具对其进行缩放操作，效果如图 6.31 所示。

（7）将"火焰.jpg"拖入文档，混合模式更改为"柔光"得到最终效果，如图 6.32 所示。

调整色调　　　　　　　　调整混合模式　　　　　　颜色减淡模式

图 6.31　调整眼镜

6.1.4　蒙版

1.图层蒙版

蒙板是 Photoshop 中非常重要的一个工具，使用它，可以很轻松地制作出多张图片无缝拼接的效果，利用蒙版，也可以直接进行复杂图形的提取。

蒙版相当于一种奇特的遮罩层，就是在最上方的图层上面蒙上一个新的层，然后通过对这个层的灰度等级进行控制此层中图片的显示和隐藏。

图 6.32　最终效果

打开任意两张图片，并将其放置在同一个文档之中，效果如图 6.33 所示。

图 6.33　原图

选择图层 1 后，单击图层面板下方的 ⬭ 按钮，创建新的蒙版，图层效果如图 6.34 所示。

此时蒙版已经添加成功，单击白色蒙版，以确保选中，选择渐变工具，保持默认的前背景色，在画布中拖拉绘制，得到如图 6.35 所示效果。

图 6.34　创建新蒙版

图 6.35　最终效果

从图中可以清楚地看到，蒙版中出现了由黑到白的渐变，此时观察图层 1 的变化，呈现出由显示慢慢到完全不显示的变化效果，在整个变化过程中，中间环节的过度，蒙版中呈现灰色，而画布中则是半透明显示的状态。由此我们总结出一句话来，即白色为显示，黑色为不显示，而灰色为半透明显示。除此之外，在蒙版中我们还可以使用画笔以及橡皮工具对其进行编辑。

注意

（1）按住键盘的 Alt 键可以实现添加一个黑蒙版的效果；在有选区的状态下单击添加蒙版工具，则实现选区内的元素将可见，选区外的元素将隐藏。

（2）在建立蒙版后，可以直接利用蒙版控制面板进行蒙版的调整，面板如图 6.36 所示。

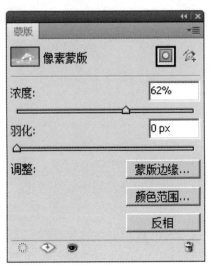

图 6.36　蒙版面板

1）【浓度】：控制蒙版在黑色到白色之间的变化，数值越小越接近白色，反之则越接近本身填充的颜色。

2）【羽化】：对黑白色过度的调整，数值越大，过度越自然（也就是中间的灰色越自然）。

3）【调整】："反相"用来调整黑白蒙版的转换；"色彩范围"主要通过拾取颜色来定义显示的区域，详细使用方法见第四章选择工具菜单的讲解；"蒙版边缘"的使用方法也和第四章中的原理相同，此处不再赘述。

图 6.37　原图进行旋转

2. 利用图层蒙版制作简单的合成

打开图片素材，并将其执行图像 / 旋转画布 /90° 旋转，效果如图 6.37 所示。

将素材"1.jpg"和"2.jpg"调入文档中，并执行新建黑蒙版命令，效果如图 6.38、图 6.39 所示。

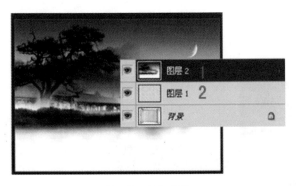

图 6.38　添加素材

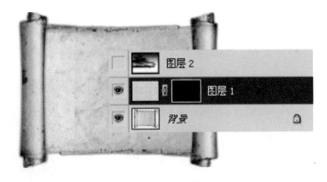

图 6.39　新健黑蒙版

将图层 1 的混合模式改为"正片叠底"，选择白色画笔在卷轴上进行涂抹，得到效果，如图 6.40 所示。

恢复图层 2 显示，用和上面同样的方法进行操作，然后适当更改图层的不透明度和色调，得到最终效果，效果如图 6.41 所示。

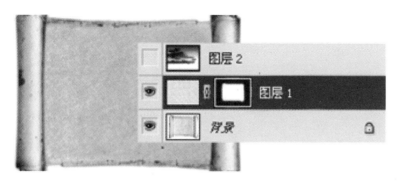

图 6.40　调整卷轴效果

图 6.41　最终效果

6.2　通道

通道面板的基本结构很类似图层面板，如图 6.42 所示。

在通道中，只有黑白灰三种颜色，这一点和蒙版的原理又是相通的。

通道的作用总结起来无非两个，其一是存储颜色信息，第 5 章中讲述了颜色的有关知识，主要讲解了关于 RGB 和 CMYK 两种颜色组成形式，上面所提到的 RGB 和 CMYK 中，每一个字母代表一种颜色，也就是一个通道，以 RGB 通道为例，效果如图 6.43 所示。

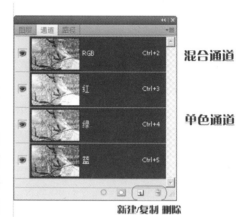

图 6.42　通道面板

混合通道

红色通道（R）

绿色通道（G）

蓝色通道（B）

图 6.43　通道的显示

通道的第二个作用就是可以储存选区，特别是可以制作精确选区。

在制作选区时，我们通常会利用新建的 Alpha 通道或是将其中一个单通道进行复制后得到的通道进行操作的；在使用通道的时候，白色的为选区，黑色为非选区，灰色的为半透明选区。我们用一个典型实例为大家讲述通道的作用，如图 6.44 是利用通道提取物体的效果。

原图　　　　　　　　　　　　　　效果图

图 6.44　利用通道提取物体

打开光盘中相应素材，直接切换到通道面板中，找到通道中需要提取的物体和背景反差最大的一个通道（这样做的目的是为了制作的选区更加精确），如图 6.45 所示。

将当前选中的通道拖拽至 按钮上，得到一个绿色通道副本；调出色阶面板，参数和效果如图所示；使用黑色画笔对剩下不需要的部分再次进行涂抹得到如图 6.46、图 6.47 所示效果。

图 6.45　打开反差最大的通道

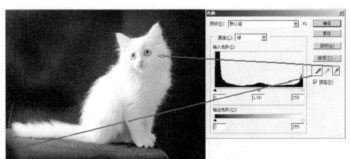

使用如图所示按钮点击图片相应位置

图 6.46　色阶面板

调整色阶后效果

画笔修饰后效果

图 6.47　色阶调整及画笔修饰

值得注意的是，只有很少的情况下可以一次性使用色阶将通道调整好，一般都会借助于画笔工具对其进行细节的调整（画笔的颜色只有黑白灰三种）。

按住 Ctrl 键，单击绿色通道副本，得到白色以及灰色区域的选区，如图 6.48 所示。

此时单击混合通道，再次单击图层面板回到层中。新建图层，填充白色，效果如图 6.49 所示。

图 6.48　选择绿色通道副本　　　　　　图 6.49　填充白色效果

在背景层和图层 1 之间新建图层，填充任意颜色作为新背景，效果如图 6.50 所示。

在最上方新建图层，使用历史记录画笔工具在新图层中进行涂抹，直到图像恢复到理想效果，如图 6.51 所示（在使用画笔工具涂抹时，要将其硬度降到最低，并要不断调整画笔大小以达到最佳效果）。

图 6.50　填充新背景　　　　　　图 6.51　最终效果

注意：通道和图层的基本原则是一样的，所以完全可以将其结合起来，一起作用于图像的合成。

第7章

滤镜

滤镜是 Photoshop 中最具有吸引力的功能之一，通过滤镜可以把普通的图像变为非凡的视觉艺术作品。它在 Photoshop 中具有非常神奇的作用。滤镜的操作是非常简单的，但是真正用起来却很难恰到好处。滤镜通常需要与通道、图层等联合使用，才能取得最佳艺术效果。

本章要点:

- 滤镜介绍
- 滤镜使用
- 外挂滤镜
- 滤镜实例

7.1 滤镜介绍

滤镜原本是一个摄影器材。摄影师们将其安装到相机镜头前来改变照片的拍照方式。用于影响色彩或产生特殊的摄影效果。如曾流行一时的"朦胧照"。在 Photoshop 中，滤镜是一种插件模块，除了可以模拟生活中的滤镜实现特殊效果以外，还可以生成更多的图像特效。曾经有的人说，如果按照 Photoshop 中滤镜的性能来配置生活中的镜头。可能需要上百万的费用。可想而知，我们是在使用价值达上百万的滤镜。

1. 滤镜的种类

滤镜分为内置滤镜和外挂滤镜两大类。内置滤镜是 Photoshop 自身提供的各种滤镜，安装软件后自动带着，外挂滤镜则是由其他厂商开发的滤镜，它们在使用前，需要安装到 Photoshop 软件中才能使用。

Photoshop 的所有滤镜都被集中在"滤镜"菜单中，如图 7.1 所示。其中"滤镜库"、"镜头校正"、"液化"和"消失点"等是特殊滤镜，其他滤镜都依据功能特征置于不同的滤镜组中。如果安装了外挂滤镜，则它们会出现在"滤镜"菜单的底部。

滤镜(T)	分析(A)	3D(D)	视图(V)

上次滤镜操作(F)　　　　　Ctrl+F

转换为智能滤镜

滤镜库(G)...
镜头校正(R)...　　　　　Shift+Ctrl+R
液化(L)...　　　　　　　Shift+Ctrl+X
消失点(V)...　　　　　　Alt+Ctrl+V

风格化　　　　　　　　　▶
画笔描边　　　　　　　　▶
模糊　　　　　　　　　　▶
扭曲　　　　　　　　　　▶
锐化　　　　　　　　　　▶
视频　　　　　　　　　　▶
素描　　　　　　　　　　▶
纹理　　　　　　　　　　▶
像素化　　　　　　　　　▶
渲染　　　　　　　　　　▶
艺术效果　　　　　　　　▶
杂色　　　　　　　　　　▶
其它　　　　　　　　　　▶

Digimarc　　　　　　　　▶

浏览联机滤镜...

图 7.1　滤镜菜单

2. 滤镜的使用方法

滤镜主要是针对图层中的图像进行的，因为在使用时，当前图层必须是可见的。如果创建选区，则影响的为当前选区。滤镜可以处理图层蒙版、快速蒙版和通道。

如果"滤镜"菜单中的某些滤镜命令显示为灰色，就表示它们现在不能使用。造成这种原因通常是由于图像模式引起的。

3. 使用技巧

当执行完一次滤镜后，在"滤镜"菜单的第一行显示该滤镜名称，按 Ctrl+F 组合键，可以按上一次参数再执行该滤镜。如图 7.2 所示。按组合键 Ctrl+Alt+F，可以打开上一次滤镜对话框，方便再次设置参数。

滤镜(T)	分析(A)	3D(D)	视图(V)
风			Ctrl+F

转换为智能滤镜

图 7.2　再次执行滤镜命令

7.2　滤镜使用

7.2.1　滤镜库

滤镜库是一个集合了多种滤镜的对话框，可以将一个图像同时使用多种滤镜。或者是方便同一个图像多次使用同一个滤镜。

执行【滤镜】/【滤镜库】操作可以打开滤镜库界面，或是使用"风格化"、"画笔描边"、"扭曲"、"素描"、"纹理"和"艺术效果"滤镜时，也可以打开"滤镜库"界面。如图 7.3 所示。左侧为预览区，中间为 6 组可以使用的滤镜，右侧为参数调节区域。

图 7.3　滤镜库

1. 使用方法

在"滤镜库"中选择一个滤镜后，该滤镜会出现在对话框右下角的已使用滤镜列表中，单击右下角 按钮，可以新建一个效果图层。添加效果图层后，可以选取另外的一个滤镜来使用。通常添加多种滤镜可以实现特殊效果。添加后的多个效果图层，可以通过拖拽的方式更改上下的位置。更改效果图层的顺序后，滤镜效果也会有所不同。如图 7.4 所示。

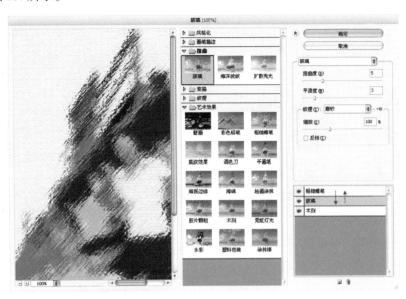

图 7.4　添加效果图层

单击 按钮，可以显示或隐藏使用的滤镜效果。单击 按钮，可以删除效果图层。

2. 使用滤镜库制作抽丝效果

首先，执行【文件】/【打开】命令行或按组合键 Ctrl+O 键，打开图像。设置前景色为蓝色（R30、G165、B230），背景色为白色。执行【滤镜】/【滤镜库】命令，打开"滤镜库"命令。如图 7.5 所示。将"图像类型"改为"直线"，"大小"设置为1，"对比度"设置为4。单击"确定"按钮，关闭滤镜库。得到效果。如图 7.6 所示。

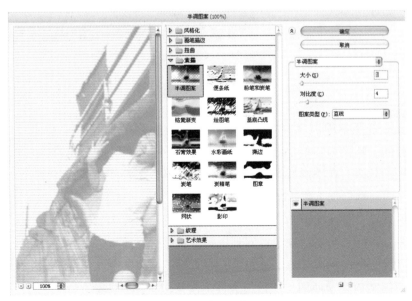

图 7.5　半调图案

图 7.6 应用滤镜效果

其次,执行【滤镜】/【镜头校正】命令,切换到"自定"选项卡,将"晕影"滑块调至最左侧。如图 7.7 所示。通过镜头校正命令将图像四周添加暗角效果。

添加抽丝效果前后的对比。如图 7.8 所示。

图 7.7 镜头校正

图 7.8 抽丝效果前后对比

7.2.2 "智能"滤镜

"智能"滤镜是 Photoshop CS3 版本中出现的功能。在 Photoshop 中除"液化"和"消失点"以外,任何滤镜都可以转换为智能滤镜。智能滤镜是一种非破坏的滤镜,可以达到与普通滤镜完全相同的效果。在添加智能滤镜后,在图层面板中智能滤镜是图层样式来显示,可以根据需要随时修改参数或删除。

智能滤镜与普通滤镜的区别是:普通滤镜功能执行后,原图层就被更改为滤镜的效果了,如果效果不好想恢复,只能从历史记录里退回到执行前;而智能滤镜,就像给图层加样式一样,在图层面板,可以把这个滤镜给删除,或者重新修改这个滤镜的参数,可以关掉滤镜效果的小眼睛而显示原图,所以很方便再次修改。图 7.9 为执行普通滤镜后的图层列表,图 7.10 为执行智能滤镜后的图层列表。

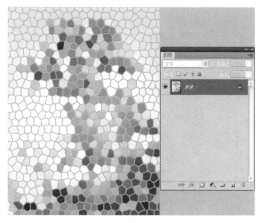
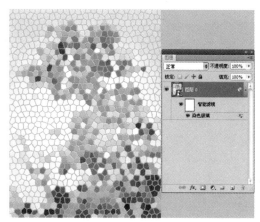

图 7.9　普通滤镜后图层列表　　　　　　　　图 7.10　智能滤镜后的图层列表

7.2.3　"液化"滤镜

"液化"滤镜可用于推、拉、旋转、反射、折叠和膨胀图像的任意区域。例如人脸的变瘦变胖，眼球的突出及眼睛的变小等操作。

1. 界面参数说明

打开图像文件，执行【滤镜】/【液化】命令，弹出如图 7.11 所示界面。

图 7.11　液化

（1）推拉按钮：通过画笔的方式来推拉图像中的像素。可以达到瘦脸或瘦身的效果。如图 7.12 所示。

（2）重建按钮：通过鼠标涂抹的方式，将图像修改过的部分进行还原。

（3）顺时针旋转按钮：通过该工具按钮，可以将单击的区域进行旋转。

（4）褶皱按钮：通过单击的方式，将画笔覆盖区域进行缩小。与 按钮相反。通常用于调节人物图像中需要缩小或放大的区域。如图 7.13 所示。

图 7.12 瘦脸效果

图 7.13 调节鼻子和嘴部

（5）左推工具：该工具的使用可以使图像产生挤压变形的效果。使用该工具垂直向上拖动鼠标时，像素向左移动；向下拖动鼠标时，像素向右移动。当按住 Alt 键垂直向上拖动鼠标时，像素向右移动；向下拖动鼠标时，像素向左移动。若使用该工具围绕对象顺时针拖动鼠标，可增加其大小；若顺时针拖动鼠标，则减小其大小。

（6）镜像工具：使用该工具在图像上拖动可以创建与描边方向垂直区域的影像的镜像，创建类似于水中的倒影效果。

（7）湍流工具：使用该工具可以平滑地混杂像素，产生类似火焰、云彩、波浪等效果。

（8）冻结蒙版工具：使用该工具可以在预览窗口绘制出冻结区域，在调整时，冻结区域内的图像不会受到变形工具的影响。

（9）解冻蒙版工具：使用该工具涂抹冻结区域能够解除该区域的冻结。

工具选项中有关画笔大小、密度、压力等参数的调节，与普通的画笔工具调节类似，在此不再赘述。

（10）□ **光笔压力**：当计算机配置有数位板和压感笔时，勾选该项可通过压感笔的压力控制工具的属性。

7.2.4 "消失点"滤镜

"消失点"滤镜可以在保持透明关系的前提下，对图像进行编辑和调节。图像在编辑时可以结合绘画、克隆、复制以及变换等编辑工具，对图像进行修饰、添加或移动。最终达到更加逼真的效果。如图 7.14 所示。

图 7.14　消失点界面

（1）编辑平面：主要用于选择、编辑、移动透视平面并调整平面大小。

（2）创建平面：通过鼠标单击点，生成自定义平面的 4 个角节点。在操作时按住 Ctrl 键，可以在拖移某个边节点拉出一个垂直的平面。

（3）选框工具：在平面中单击并拖动，可以选择该平面上的区域。在操作时按住 Alt 键，可以拖移选区并拉出选区的一个副本；按住 Ctrl 键，可以拖移选区并使用图像填充选区。

（4）图章工具：用于在保持透视角度的同时，完成图像的仿制。与普通的仿制图章使用方法类似。

（5）画笔工具：用于在图像上绘制选定颜色。与普通画笔工具类似。

（6）吸管工具：使用该工具在预览区域中单击，可以选择一种颜色用于画笔绘制。

（7）测量工具：用于测量两点的距离，编辑距离可以设置测量的比例。

"平移"和"缩放"工具与工具箱中的用法相同。在此不再赘述。

1. 使用"消失点"工具仿制图像

（1）执行【文件】/【打开】命令或按 Ctrl+O 组合键，打开图像文件。如图 7.15 所示。

图 7.15　打开图像文件

（2）执行【滤镜】/【消失点】命令，打开"消失点"对话框，将要修复的区域放大。选择左侧的"创建平面"工具，在页面中保持透视关系创建区域。如图 7.16 所示。

（3）选择左侧的"图章"工具，按住 Alt 键的同时，在页面中单击选择仿制来源。如图 7.17 所示。

图 7.16　创建平面

图 7.17　定义来源

（4）仿制源点定义完成后，再次单击时，需要注意当前鼠标与来源点的位置关系。同时可以调节图章的透明度和边缘羽化程度。得到最后结果。如图 7.18 所示。

图 7.18　仿制完成

7.2.5　"风格化"滤镜组

"风格化"滤镜组主要是通过移动和置换图像中的像素，提高图像像素的对比度，产生特殊的风格化效果。风格化滤镜组包括【风】、【浮雕效果】、【等高线】、【查找边缘】、【拼贴】、【凸出】和【照亮边缘】等滤镜。

1."查找边缘"滤镜

"查找边缘"滤镜能自动搜索图像像素对比度变化剧烈的边界，将高反差区域变亮，低反差区变暗，其他区域里，硬边变为线条，而柔边变粗。形成一个清晰的轮廓。如图 7.19 所示。该滤镜自动执行。不需要进行对话框调节。

2．"等高线"滤镜

"等高线"滤镜可以查找主要亮度区域的转换，同时为每个颜色通道淡淡地勾勒主要亮度区域的转换，以获得与等高线图中的线条类似的效果。滤镜对话框如图 7.20 所示。执行完等高线滤镜前后效果的对比。如图 7.21 所示。

图 7.19　查找边缘前后对比

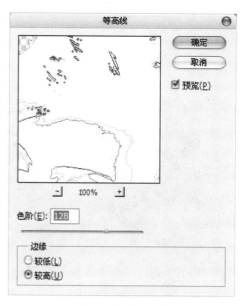

图 7.20　等高线参数

（1）色阶：用于设置描绘边缘的基准高度等级。

（2）边缘：用于设置处理图像边缘的位置，以及边界高度产生的方法。分为较低和较高。

3．"风"滤镜

"风"滤镜可以在图像中增加一些细小的水平线，模拟风吹过的效果。风滤镜的对话框如图 7.22 所示。执行完风滤镜前后的效果对比。如图 7.23 所示。

图 7.21　等高线滤镜前后对比

图 7.22　风滤镜对话框

（1）方法：用于设置风格强度。分为风、大风和飓风三种类型。

（2）方向：用于设置风吹的方向。分为从右向左和从左向右。该滤镜只能在水平方向起作用。要产生其他方向的风吹效果，需要先将图像进行旋转，再执行该滤镜。

4."浮雕效果"滤镜

"浮雕效果"滤镜可通过勾画图像或选区的轮廓，来降低周围色值以生成凸起或凹陷的浮雕效果。浮雕滤镜的对话框如图 7.24 所示。执行完浮雕滤镜前后的效果对比。如图 7.25 所示。

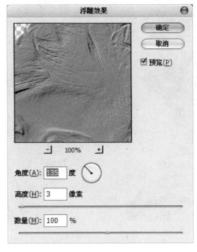

图 7.23　风滤镜前后对比　　　　　　　　　　图 7.24　浮雕对话框

（1）角度：用于设置照射浮雕的光线角度。光线角度会影响浮雕的凸出位置。

（2）高度：用于设置浮雕效果凸起的高度，该参数越高浮雕效果越明显。

（3）数量：用于设置浮雕滤镜的作用范围，该参数越高边界越清晰。小于 40% 时，整个图像会变灰。

5."扩散"滤镜

"扩散"滤镜可以使图像中相邻的像素按规定的方式有机移动，使图像扩散，形成一种类似于透过磨砂玻璃观看物体时的分模糊效果。扩散滤镜的对话框如图 7.26 所示。执行完扩散滤镜前后的效果对比，如图 7.27 所示。

图 7.25　浮雕滤镜前后对比　　　　　　　　　图 7.26　扩散对话框

（1）正常：图像的所有区域都进行扩散处理，与图像的颜色值没有关系。

（2）变暗优先：用较暗的像素替换亮的像素，只有暗部像素产生扩散。

（3）变亮优先：用较亮的像素替换暗的像素，只有亮部像素产生扩散。

（4）各向异性：在颜色变化上最小的方向上混合像素。

6."拼贴"滤镜

"拼贴"滤镜可以根据指定的尺寸数值将图像分为块状，并使其偏离原来的位置，产生不规则瓷砖拼凑成的图像效果。拼贴滤镜的对话框如图7.28所示。执行完拼贴滤镜前后的效果对比，如图7.29所示。

图7.27　扩散滤镜前后对比　　　　　　　　　　图7.28　拼贴对话框

（1）拼贴图：用于设置图像拼贴块的数量。数值影响生成图像块的大小。当数为99时，图像区域被填充为白色。

（2）最大位移：设置拼贴块的间隙。

（3）填充空白区域用：用于设置拼贴图，空白区域填充的内容。

7."曝光过度"滤镜

"曝光过度"滤镜可以混合负片和正片图像，模拟出摄影中增加光线强度而产生的过度曝光效果。该滤镜无对话框。执行该滤镜前后对比效果，如图7.30所示。

8."凸出"滤镜

"凸出"滤镜可以将图像分成一系列大小相同且有机重叠旋转的立方体或锥微血

图7.29　拼贴滤镜前后对比

图7.30　曝光过度前后对比效果

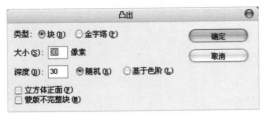

图 7.31 凸出对话框

管。产生特殊的 3D 效果。凸出滤镜的对话框如图 7.31 所示。执行完凸出滤镜前后的效果对比，如图 7.32 所示。

（1）类型：用于设置图像凸起的方式。当为块时，可以创建方形的正面和四个侧面的对象；当为金字塔时，则创建具有相交于一点的四个三角形侧面的对象。

（2）大小：用于设置立方体或金字塔底面的大小，该值越高，生成的立方体和锥体越大。

（3）深度：用于设置凸出对象的高度。随机表示每个块或金字塔设置一个任意的深度；基于色阶则表示使每个对象的深度与其亮度对应，越亮凸出的越多。

（4）立方体正面：选择该选项后，将失去图像整体轮廓，生成的立方体上只显示单一的颜色。

（5）蒙版不完整块：隐藏所有延伸出选区的对象。

9."照亮边缘"滤镜

"照亮边缘"滤镜可以搜索图像中颜色变化较大的区域，标识颜色的边缘，并添加类似霓虹灯的光亮。照亮边缘滤镜的对话框如图 7.33 所示。执行完照亮边缘滤镜前后的效果对比，如图 7.34 所示。

图 7.32 凸出滤镜前后对比效果

图 7.33 照亮边缘对话框

（1）边缘宽度：用于设置发光边缘的宽度。

（2）边缘亮度：用于设置发光边缘的亮度。

（3）平滑度：用于设置发光边缘的平滑程度。

7.2.6 "画笔描边"滤镜组

"画笔描边"滤镜组中包含 8 种滤镜。画笔描边滤镜可以通过不同的油墨和画笔勾画出绘画效果。也可以添加颗粒、绘画、杂色、边缘细节或纹理。这些滤镜不能用于 Lab 和 CMYK 模式的图像。画笔描边滤镜组属于智能滤镜，因此可以将多种滤镜进行混合使用。

1."成角的线条"滤镜

"成角的线条"滤镜可以使用对角描边来重新绘制图像，用一个方向的线条绘制亮部区域，再用相反方向的线条绘制暗部区域。使用后的效果和参数如图 7.35 所示。

图 7.34　照亮边缘效果前后对比　　　　　　　　　　图 7.35　成角的线条

（1）方向平衡：用于设置对角线条的倾斜角度。

（2）描边长度：用于设置对角线条的长度。

（3）锐化程度：用于设置对角线条的清晰程度。

2."墨水轮廓"滤镜

"墨水轮廓"滤镜能够以钢笔画的风格，用纤细的线条在原图细节上重绘图像。使用后的效果和参数如图 7.36 所示。

（1）描边长度：用于设置图像中生成线条的长度。

（2）深色强度：用于设置线条阴影的强度，该值越高，边重新绘图像越暗。

（3）光照强度：用于设置线条高光的强度，该值越高，图像越亮。

3."喷溅"滤镜

"喷溅"滤镜能够模拟喷枪工具，使图像产生笔墨喷溅的艺术效果。使用后的效果和参数如图 7.37 所示。

图 7.36　墨水轮廓　　　　　　　　　　　　　　图 7.37　喷溅

（1）喷色半径：用于设置处理不同颜色的区域，数值越高颜色越分散。

（2）平滑度：用于设置喷射效果后的平滑程度。

4."喷色描边"滤镜

"喷色描边"滤镜可以使用图像的主导色用成角的、喷溅的颜色线条重新绘制图像，产生斜纹飞溅效果。使用喷色描边滤镜后的效果和参数如图 7.38 所示。

图 7.38 喷色描边

（1）描边长度：用于设置喷色描边笔触的长度和线条的方向。

（2）喷色半径：用于控制喷洒的范围。

5. "强化的边缘"滤镜

"强化的边缘"滤镜可以强化图像的边缘，设置高边缘亮度值时，强化效果类似白色粉笔。当设置低的边缘亮度时，强化效果类似黑色油墨。使用喷色描边滤镜后的效果和参数如图 7.39 所示。

（1）边缘宽度 / 亮度：用于设置需要强化的边缘宽度和亮度。数值不同，效果截然相反。如图 7.40 所示。

（2）平滑度：用于设置边缘的平滑程度，该值越高，画面效果越柔和。

图 7.39 强化的边缘

图 7.40 强化边缘亮度不同的对比

6. "深色线条"滤镜

"深色线条"滤镜用于短而紧密的深色线条绘制暗部区域，用长而亮的线条绘制亮部区域。使用深色线条滤镜后的效果和参数如图 7.41 所示。

（1）平衡：用于控制绘制的黑白色调的比例。

（2）黑色强度 / 白色强度：用于设置绘制黑色调和白色调的强度。

7. "烟灰墨"滤镜

"烟灰墨"滤镜能够以日本画的风格来绘制图像。使用非常黑的油墨在图像中创建柔和和模糊边缘，使图像看起来是用蘸满油墨的画笔在宣纸上绘图。使用烟灰墨滤镜后效果和参数如图 7.42 所示。

图 7.41　深色线条

图 7.42　烟灰墨

（1）描边宽度：用于设置烟灰墨笔触的宽度。

（2）描边压力：用于设置烟灰墨笔触的压力。

（3）对比度：用于设置画面效果的对比程度。

8."阴影线"滤镜

"阴影线"滤镜可以保留原始图像的细节和特征，同时使用模拟的铅笔阴影线添加纹理，并使彩色区域的边缘变得粗糙。使用阴影线滤镜后的效果和参数如图 7.43 所示。

（1）描边长度 / 锐化程度：用于设置线条的长度和清晰程度。

（2）强度：用于设置线条的数量和强度。

7.2.7　"模糊"滤镜组

"模糊"滤镜组包括 11 种滤镜，用于降低相邻像素的对比度并柔化图像，而产生平滑过渡的效果。

1."表面模糊"滤镜

"表面模糊"滤镜在保留边缘的同时，模糊图像。该滤镜可以用于创建特殊效果并消除图像杂色或颗粒。可以用该滤镜为人像照片进行磨皮处理。表面模糊滤镜的对话框如图 7.44 所示。执行表面模糊滤镜前后的效果对比。如图 7.45 所示。

（1）半径：用于设置模糊取样区域的像素大小。

图 7.43　阴影线

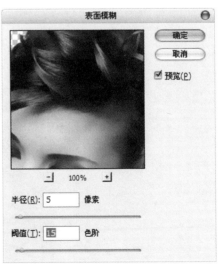

图 7.44　表面模糊

图 7.45　表面模糊滤镜对比

（2）阈值：用于控制相邻像素与中心像素值相差多大时才能成为模糊的一部分，色调值差小于阈值的像素将被排除在模糊之外。

2."动感模糊"滤镜

"动感模糊"滤镜可以根据制作效果的需要沿指定的方向、指定的强度模糊图像，产生的效果类似于以固定的曝光时间给一个移动的对象拍照。用于表现图像的速度感通常用到该滤镜。动感模糊滤镜的对话框如图 7.46 所示。执行动感模糊滤镜前后的效果对比。如图 7.47 所示。

（1）角度：用于设置模糊的方向，可以直接输入数据或拖动角度指针。

（2）距离：用于像素移动的距离。

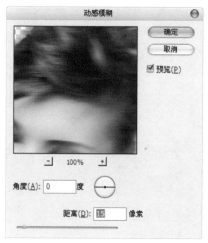

图 7.46　动感模糊

图 7.47　动感模糊滤镜前后对比

3."方框模糊"滤镜

"方框模糊"滤镜可以基于相邻像素的平均颜色值来模糊图像，生成类似于方块状的特殊模糊效果。平时应用较少。如图 7.48 所示。

图 7.48　方框模糊前后对比

4. "高斯模糊"滤镜

"高斯模糊"滤镜可以添加图像的低频细节，使图像产生一种朦胧效果。通过调整"半径"值可以设置模糊的范围。数值是以像素为单位进行调节。高斯模糊滤镜的对话框如图7.49所示。执行高斯模糊滤镜前后的效果对比，如图7.50所示。

图7.49　高斯模糊　　　　　　　　图7.50　高斯模糊滤镜效果前后对比

5. "径向模糊"滤镜

"径向模糊"滤镜可以模拟缩放或旋转相机所产生的模糊效果。径向模糊滤镜的对话框如图7.51所示。

（1）数量：用于设置模糊的强度，该数值越高，模糊效果越强烈。

（2）模糊方法：用于设置径向模糊的方法，当为旋转时，图像会沿同心圆环线产生旋转的模糊效果，选择缩放时，则会产生放射状模糊效果。如图7.52所示。

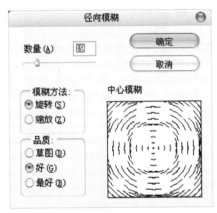

图7.51　径向模糊　　　　　　　　图7.52　缩放模糊和旋转模糊

（3）品质：用于设置应用模糊滤镜后图像的显示品质。当为草图时，处理速度最快，但会产生颗粒效果；当为好或最好时，都可以产生较为平滑的效果，但除非在较大的图像上，否则两者的区别较小。

6. "镜头模糊"滤镜

"镜头模糊"滤镜用于模拟相机景深生成的主体物体清晰，背景物体模糊的图像效果。在使用镜头模糊滤镜时，需要Alpha通道或图层蒙版的深度值来映射图像中像素的位置。镜头模糊滤镜的对话框如图7.53所示。

（1）源：从下拉列表中选择要处理的图像。分为Alpha通道和图层蒙版。

（2）光圈：用于设置模糊的方式。在形状选项下拉列表中选择可以设置光圈的形状。通过半径值可以调节模糊的数量；通过叶片弯度滑块可以对光圈边缘进行平滑处理；通过旋转滑块可以旋转光圈。

（3）镜面高光：用于设置镜面高光的范围。亮度用于设置高光的亮度；阈值用于设置亮度的截止点，比该截止点亮的所有像素都被视为镜面高光。

（4）杂色：用于设置在图像中添加或减少杂色。

（5）分布：用于设置杂色的分布方式，包括平均分布和高斯分布。

（6）单色：用于设置在不影响颜色的情况下向图像添加杂色。

7.“形状模糊”滤镜

“形状模糊”滤镜可以根据指定的形状创建特殊的模糊效果。形状模糊滤镜的参数如图7.54所示。

图 7.53 镜头模糊参数

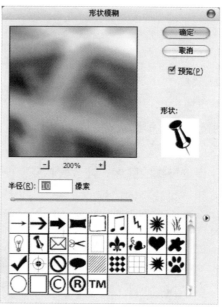

图 7.54 形状模糊

（1）半径：用于设置形状的大小，该值越高，模糊效果越好。

（2）形状列表：根据选择列表中的图形生成该形状的模糊效果。可以单击右侧 ▶ 按钮，从列表中选择其他形状库或载入形状。

8.“特殊模糊”滤镜

“特殊模糊”滤镜提供了半径、阈值和模糊品质等设置选项。可以方便用户精确的模糊图像。特殊模糊滤镜的对话框如图7.55所示。

（1）半径：用于设置模糊的范围，该值越高，模糊效果越明显。

（2）阈值：确定像素具有多大差异后才会被模糊处理。

（3）品质：设置图像的品质，包括“低”、“中等”和“高”三种。

（4）模式：从下拉列表中选择产生模糊效果的模式。在“正常”模式下，不会添加特殊效果；在“仅限边缘”模式下，会以黑色显示图像，以白色描绘图像边缘像素亮度值变化强烈的区域；

图 7.55 特殊模糊

在"叠加边缘"模式下，则以白色描绘出图像边缘像素亮度值变化强烈的区域。如图 7.56 所示。

图 7.56　正常、仅限边缘和叠加边缘三种效果

9."平均"滤镜

"平均"滤镜可以查找图像的平均颜色，然后以平均颜色填充图像，创建平滑的外观。该滤镜无对话框。应该滤镜前后效果的对比，如图 7.57 所示。

10. 其他滤镜

"模糊"和"进一步模糊"都是对图像进行轻微模糊处理，可以用于在图像中有显著颜色变化的地方消除杂色。该两个滤镜没有对话框。平时应用相对较少，在此不再赘述。

图 7.57　平均滤镜使用前后对比

7.2.8　"扭曲"滤镜组

"扭曲"组滤镜组中包含 13 种滤镜，主要用于对图像进行几何变形、创建三维和其他变形效果。该组滤镜在使用时占用大量内存，如果文件较大时，建议先在小尺寸的图像上进行测试。

1."波浪"滤镜

"波浪"滤镜可以在图像上创建波浪起伏的图案，根据设置的波长、波幅和类型来为图像创建起伏的效果。波浪滤镜对话框如图 7.58 所示。

（1）生成器数：用于设置产生波纹效果的震源总数。

（2）波长：用于设置相邻两个波峰的水平距离，它分为最小波长和最大波长两部分，最小波长不能超过最大波长。

（3）波幅：用于设置最大和最小的波幅。

（4）比例：用于控制水平和垂直方向的波动幅度。

（5）类型：用于设置波浪的形态，包括"正弦"、"三角形"和"方形"三种效果。如图 7.59 所示。

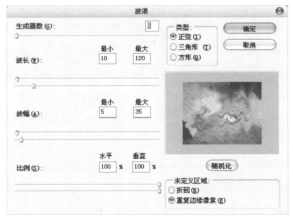

图 7.58　波浪滤镜

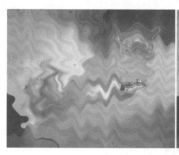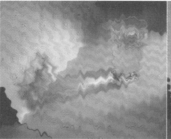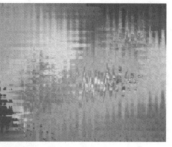

图 7.59　正弦、三角形和方形对比

2.　"波纹"滤镜

"波纹"滤镜与"波浪"滤镜类似，但可供调节的参数较少，只能控制波纹的数量和波纹大小。如图 7.60 所示。

3.　"玻璃"滤镜

"玻璃"滤镜可以制作细小的纹理，使图像看起来像是透过不同类型的玻璃观察到的效果。玻璃滤镜属于智能滤镜组中的一员，因此在使用玻璃滤镜时，会启动智能滤镜。玻璃滤镜的对话框如图 7.61 所示。

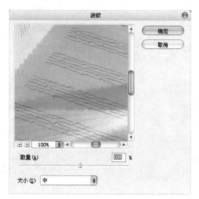

图 7.60　波纹

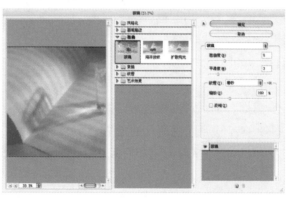

图 7.61　玻璃滤镜

（1）扭曲度：用于设置扭曲效果的强度。数值越大，扭曲的效果越强烈。

（2）平滑度：用于设置扭曲效果的平滑程度，该值越低，扭曲的纹理越细小。

（3）纹理：从下拉列表中可以选择扭曲时所产生的纹理。包括"块状"、"画布"、"磨砂"和"小镜头"等。单击 按钮，选择"载入纹理"选项，可以载入一个 PSD 格式的文件作为纹理文件来扭曲当前的图像。如图 7.62 所示。

（4）缩放：用于设置纹理的缩放程度。

（5）反相：选择该选项，可以反转纹理效果。

4.　"海洋波纹"滤镜

"海洋波纹"滤镜可以将随机分隔的波纹添加到图像表面，它产生的波纹细小，边缘有较多的抖动，图像看起来就像是在水下面。参数和效果如图 7.63 所示。

（1）波纹大小：用于影响图像中生成的波纹大小。

（2）波纹幅度：用于控制图像波纹的变形程度。

块状

画布

磨砂

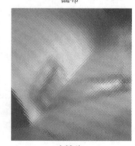

小镜头

图 7.62　不同纹理效果

5."极坐标"滤镜

"极坐标"滤镜可以将图像从平面坐标转换为极坐标，或者从极坐标转换为平面坐标。使用该滤镜可以创建曲面的扭曲效果。如图 7.64 所示。

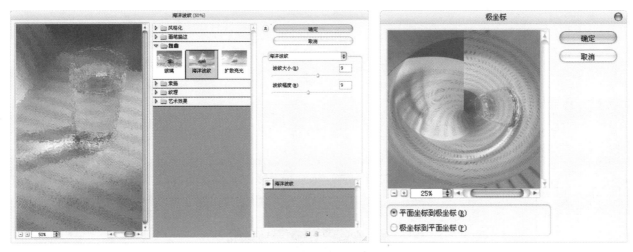

图 7.63　海洋波纹　　　　　　　　　　　　　图 7.64　极坐标

6."挤压"滤镜

"挤压"滤镜可以将整个图像或选区内的图像向内或向外挤压。可以生成"鱼眼"透镜效果或是放大镜效果。如图 7.65 所示。"数量"用于控制挤压程度。该值为负值时图像向外凸出，为正值时图像向内凹陷。

7."扩散亮光"滤镜

"扩散亮光"滤镜可以在图像中添加白色杂色，让图像从中心向外渐隐亮光，使其产生一种光芒漫射的效果。该滤镜比较适合制作图像的柔光效果，亮光的颜色由背景色决定。选择不同的背景色，可以产生不同的视觉效果。如图 7.66 所示。

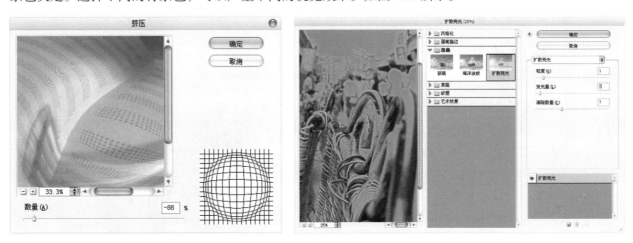

图 7.65　挤压　　　　　　　　　　　　　　　图 7.66　扩散亮光

（1）粒度：用于设置在图像中添加的颗粒密度。

（2）发光量：用于设置在图像中生成的辉光的强度。

（3）清除数量：用于限制图像受到滤镜影响的范围，该值越高，滤镜影响的范围就越小。

8. "切变"滤镜

"切变"滤镜是比较灵活的滤镜，可以将图像按照设定的曲线来扭曲图像，如图7.67所示。可以在切变的对话框中添加切变的控制点，通过控制点改变曲线的形状即可以扭曲图像。

（1）折回：用于设置在空白区域中填入溢出图像之外的图像内容。

（2）重复边缘像素：用于设置在图像边界不完整的空白区域填入扭曲边缘的像素颜色。

9. "球面化"滤镜

"球面化"滤镜通过将选区折成球形，扭曲图像以及伸展图像以适合选中的曲线，使图像产生3D效果，如图7.68所示。

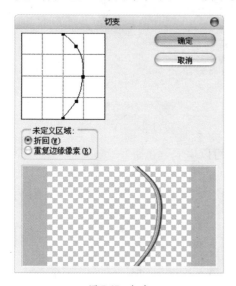

图7.67 切变

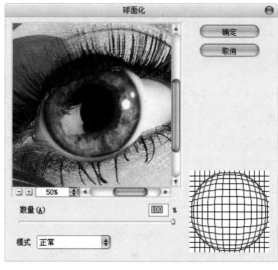

图7.68 球面化

（1）模式：用于设置球面化的挤压方式。包括"正常"、"水平优先"和"垂直优先"。

（2）数量：用于控制挤压的程度。数值的正负影响图像的凹凸。

10. "水纹"滤镜

"水纹"滤镜可以模拟水池中的波纹，在图像中产生类似于向水池中投入石子的水面的效果。使用时首先需要建立选区。然后再执行该滤镜。如图7.69所示。

（1）数量：用于设置波纹的大小，范围为–100~100，负数时产生下凹的波纹，正值产生上凸的波纹。

（2）起伏：用于设置波纹数量，范围为1~20，值越大，产生的波纹效果越明显。

（3）样式：用于设置波纹形成的方式，分为水池波纹、围绕中心和从中心向外等。

11. "旋转扭曲"滤镜

"旋转扭曲"滤镜可以使图像产生旋转的风轮效果。旋转会围绕图像中心进行，中心旋转的程度比边缘大。如图7.70所示。

图7.69 水纹

角度：用于设置旋转扭曲的方向，当为正值时沿顺时针方向扭曲，当为负值时沿逆时针方向扭曲。

12."置换"滤镜

"置换"滤镜可以根据另外一张图像的亮度值使现有图像的像素重新排列并产生位移。在使用该滤镜前需要准备另外一张用于置换的 PSD 格式图像。

使用方法：

首先打开一个图像文件，执行【滤镜】/【扭曲】/【置换】，打开滤镜对话框，如图 7.71 所示。设置完参数后，单击"确定"按钮，在弹出的界面中选择另外一个文件。格式为 *.psd 格式。

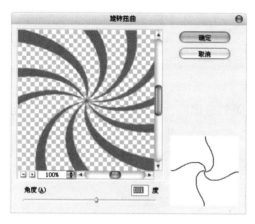
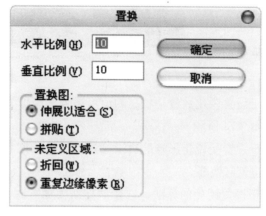

图 7.70　旋转扭曲　　　　　　　　　　图 7.71　置换

水平 / 垂直比例：用于设置置换图在水平或垂直方向上的变形比例。

置换图：当置换的另外图像与当前图像大小不相等时，设置拼贴的方式。

未定义区域：选择一种方式，在图像边界不完整的空白区域填入边缘的像素颜色。

7.2.9 "锐化"滤镜组

"锐化"滤镜组中包含了 5 种滤镜，通过锐化滤镜可以增强相邻像素间的对比度来聚焦模糊的图像画面，使图像文件变得清晰。

1.锐化与进一步锐化

锐化滤镜通过增加像素间的对比度使图像变得清晰，锐化效果不是很明显。"进一步锐化"比"锐化"滤镜效果更强烈些，相当于用了 2~3 次"锐化"滤镜。

2.锐化边缘和 USM 锐化

"锐化边缘"与"USM 锐化"滤镜都可以查找图像中颜色发生显著变化的区域，然后将其锐化。"锐化边缘"滤镜只锐化图像的边缘，同时保留总体的平滑度。"USM 锐化"滤镜则提供了选项。适合专业的色彩校正。如图 7.72 所示。

（1）数量：用于设置锐化效果的强度。该值越高，锐化效果越明显。

（2）半径：用于设置锐化的作用范围。

（3）阈值：只有相邻像素间的差值达到该值所设定的范围时，才会被锐化。因此，该参数值越高，被锐化的像素就会越少。

3.智能锐化滤镜

"智能锐化"与"USM 锐化"滤镜类似，但具有独特的锐化控制选项，可以设置锐化的算法、控制阴影和高光区域的锐化量。如图 7.73 所示。智能锐化分为基本和高级两种模式。

图 7.72　USM 锐化 　　　　　　　　　　　　图 7.73　智能锐化

（1）数量：用于设置锐化数量，较高的值可增强边缘像素之间的对比度，使图像看起来更加利。如图 7.74 所示。

（2）半径：用于设置受锐化影响的边缘像素的数量。该值越高，受影响的边缘就越宽，锐化的效果也就越明显。

（3）移去：用于设置锐化的算法。选择"高斯模糊"时，可以使用"USM 锐化"滤镜的方法进行锐化，选择"镜头模糊"，可检测图像中边缘和细节，并对细节进行更精细的锐化，减少锐化的光晕，选择"动感模糊"，可通过设置"角度"来减少由于相机或主体移动而导致的模糊效果。

切换为高级选项时，会出现另外的三个选项。如图 7.75 所示。锐化选项卡与基本锐化方式的选项完全相同，而"阴影"和"高光"选项则可以分别调节阴影和高光区域的锐化强度。

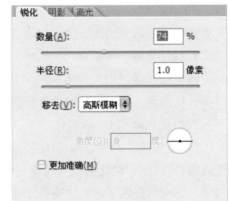

数量 50 　　　　　　　　　　　数量 150

图 7.74　数量不同对比 　　　　　　　　　　　　图 7.75　高级选项

渐隐量：用于设置阴影或高光中的锐化数量。

色调宽度：用于设置阴影或高光中色调的修改范围。

半径：用于控制每个像素周围的区域的大小，决定了像素是在阴影还是在高光中。

7.2.10 "视频"滤镜组

视频滤镜组中包含两种滤镜，可以处理以隔行扫描方式的设备中提取的图像，将普通图像转换为视频设备可以接收的图像，以解决视频图像交换时系统差导的问题。该两种滤镜在 Photoshop 中应用以后，没有明显效果。

1. "NTSC"颜色滤镜

"NTSC"滤镜可以将色域限制在电视机重现可接受的范围内，防止过饱和颜色渗到电视扫描行中，Photoshop 中的图像便可以被电视接收。

2. "逐行"滤镜

"逐行"滤镜可以移动视频图像中奇数或偶数隔行线，使在电视上捕捉的运动图像变得平滑。

7.2.11 "素描"滤镜组

"素描"滤镜组中包括 14 种滤镜，它们可以将纹理添加到图像，常用来模拟素描和速写等艺术效果或手绘外观。其中大部分滤镜在应用图像时，都与工具箱中的前景色和背景色有关。因此，设置不同的前景色或背景色，获得的效果有所不同。

1. "半调图案"滤镜

"半调图案"滤镜可以在保持图像连续色调范围的同时，模拟半调网屏效果。如图 7.76 所示。

图 7.76　半调图案

（1）大小：用于设置生成网状图案的大小。

（2）对比度：用于设置图像的对比度，即清晰度。

（3）图案类型：用于设置半调图案的类型。可以从下拉列表中来选择。包括"圆形"、"网点"和"直线"。

2. "便条纸"滤镜

"便条纸"滤镜可以简化图像，创建类似于手工制作的纸张构成的图像。图像的暗区显示为纸张上层中的洞，使背景色显示出来。如图 7.77 所示。

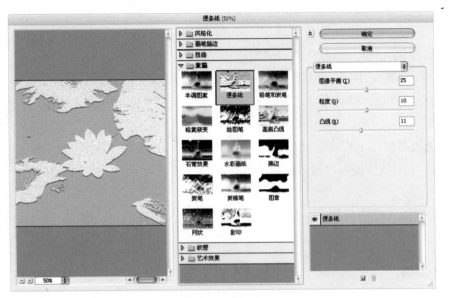

图 7.77　便条纸

（1）图像平衡：用于设置高光区域和阴影区域面积的大小。

（2）粒度：用于设置图像中颗粒数量的多少。

（3）凸现：用于设置图像中颗粒的显示程度。

3. "粉笔和炭笔" 滤镜

"粉笔和炭笔" 滤镜可以重绘高光和中间调，并使用粗糙粉笔绘制纯中间调的灰色背景。阴影区域用黑色对角炭笔线条替换，炭笔用前景色绘制，粉笔用背景色绘制。如图 7.78 所示。

图 7.78　粉笔和炭笔

（1）炭笔／粉笔区：用于设置炭笔或粉笔区域的范围。

（2）描边压力：用于设置画笔的压力。

4. "铬黄渐变" 滤镜

"铬黄渐变" 滤镜可以渲染图像，创建如擦亮铬黄表面般的金属效果，高光在反射表面上就是高点，阴影是低点。使用完滤镜后，可以执行色阶命令，使用金属效果更加强烈。如图 7.79 所示。

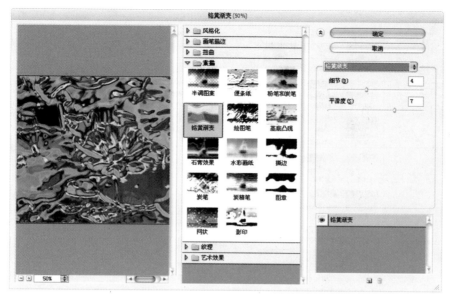

图 7.79　铬黄渐变

（1）细节：用于设置图像细节的保留程度。

（2）平滑度：用于设置图像效果的光滑程度。

5."绘图笔"滤镜

"绘图笔"滤镜使用细的、线状和油墨描边来捕捉原图像中的细节，前景色作为油墨，背景色作为纸张，以替换图像中的颜色。如图 7.80 所示。

图 7.80　绘图笔

（1）描边长度：用于设置图像中生成的线条的长度。

（2）明 / 暗平衡：用于设置图像的亮调与暗调的平衡。

（3）描边方向：用于设置图像中生成的线条的方向。

6."基底凸现"滤镜

"基底凸现"滤镜可以变换图像，使之呈现浮雕的雕刻状和突出光照下变化各异的表面。图像的暗区将呈现前景色，而浅色使用背景色。如图 7.81 所示。

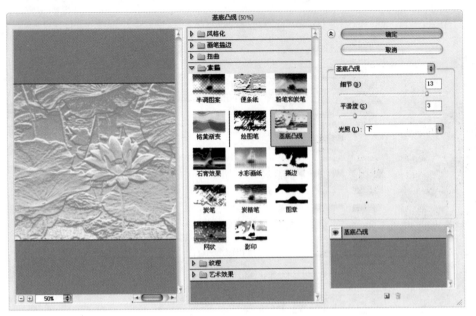

图 7.81　基底凸现

（1）细节：用于设置滤镜执行后，图像细节的保留程度。

（2）平滑度：用于设置浮雕效果的平滑程度。

（3）光照：用于设置光照方向。对于同一个图像，使用的方向不同，浮雕效果也会有所不同。

7. "石膏效果"滤镜

"石膏效果"滤镜可以按 3D 效果塑造图像，然后使用前景色和背景色为结果图像着色，图像中暗调凸起，亮调凹陷。如图 7.82 所示。

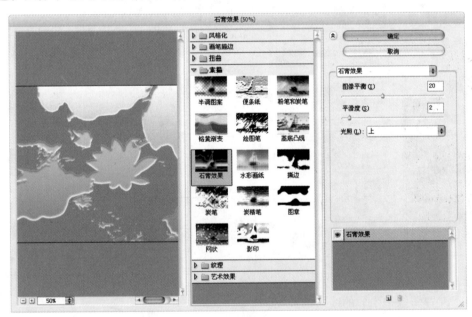

图 7.82　石膏效果

（1）图像平衡：用于设置高光区域和阴影区域相对面积的大小。

（2）平滑度：用于设置图像效果的平滑程度。

（3）光照：可以从下拉列表中选择光照方向。

8. "水彩画纸"滤镜

"水彩画纸"滤镜可以用有污点、类似于在潮湿的纤维纸上的涂抹，使颜色流动并混合。是素描滤镜组中，唯一与前景色和背景色没有关系的滤镜。如图 7.83 所示。

图 7.83　水彩画纸

（1）纤维长度：用于设置图像中生成的纤维长度。方便生成毛绒效果。

（2）亮度 / 对比度：用于设置图像的亮度和对比度。

9. "撕边"滤镜

"撕边"滤镜可以重建图像，使之像是由粗糙、撕破的纸片组成的。然后使用前景色与背景色为图像着色。如图 7.84 所示。

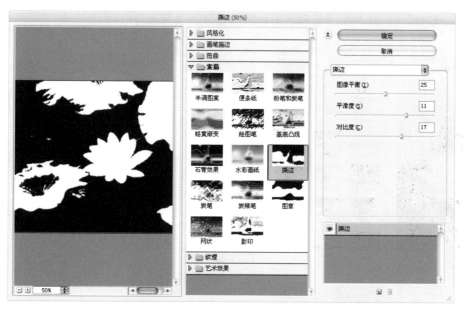

图 7.84　撕边

（1）图像平衡：用于设置图像前景色和背景色的平衡比例。

（2）平滑度：用于设置图像边界的平滑程度。

（3）对比度：用于设置画面效果的对比强度。

10. "炭笔"滤镜

"炭笔"滤镜可以产生色调分离的涂抹效果。图像的主要边缘以粗线条绘制,而中间色调用对角描边进行素描,炭笔是前景色,背景是纸张颜色。如图 7.85 所示。

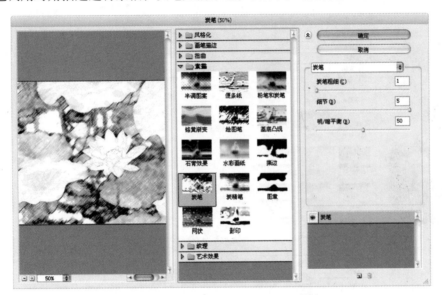

图 7.85 炭笔

(1)炭笔粗细:用于设置炭笔笔画的宽度。

(2)细节:用于设置图像细节的保留程度。

(3)明/暗平衡:用于设置图中亮调与暗调之间的平衡关系。

11. "炭精笔"滤镜

"炭精笔"滤镜可以在图像上模拟浓黑和纯白的炭精笔纹理,如图 7.86 所示,暗调使用前景色,亮调使用背景色。在使用该滤镜之前,可以将前景色改为常用的炭精笔颜色。如黑色、深褐色和血红色。要获得减弱的效果,可以将背景色改为白色。

图 7.86 炭精笔

(1)前景/背景色阶:用于调节前景色和背景色之间的平衡关系。哪一个色阶的数值越高,它的颜色就越突出。

（2）纹理：可以选择一个预设纹理，也可以单击选项右侧 ▼≣ 按钮，载入一个 PSD 格式文件作为产生纹理的模版。

（3）缩放 / 凸现：用于设置纹理的大小和凹凸程度。

（4）光照：从该选项下拉列表中可以选择光照方向。

（5）反相：用于反转纹理的凹凸方向。

12. "图章" 滤镜

"图章" 滤镜可以简化图像，使之看起来就像是用橡皮或木制图章创建的一样。该滤镜用于黑白图像时效果更佳。如图 7.87 所示。

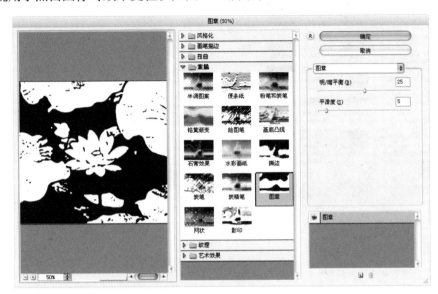

图 7.87　图章

（1）明 / 暗平衡：用于设置图像中亮度与暗调区域的平衡关系。

（2）平滑度：用于设置图像效果的平滑程度。

13. "网状" 滤镜

"网状" 滤镜可以模拟胶片乳胶的可控收缩和扭曲来创建图像，使之在阴影处结块，在高光处呈现轻微的颗粒化。如图 7.88 所示。

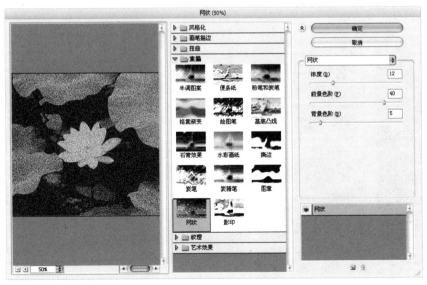

图 7.88　网状

（1）浓度：用于设置图像中产生的网纹的密度。

（2）前景/背景色阶：用于设置图像中使用的前景色和背景色的色阶数。

14. "影印"滤镜

"影印"滤镜可以模拟影印图像的效果，大的暗区趋向于只复制边缘四周，而中间色调要么为纯黑色，要么为纯白色。如图7.89所示。

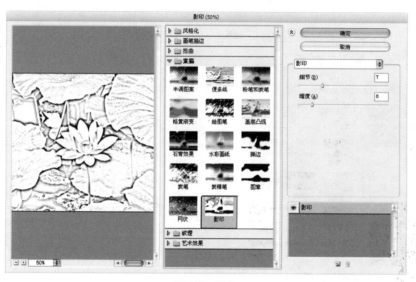

图7.89　影印

（1）细节：用于设置图像中细节的保留程度。

（2）暗度：用于设置图像暗部区域的强度。

7.2.12　"纹理"滤镜组

"纹理"滤镜组中包含6种滤镜，可以为图像添加各种纹理，增加深度感和材质感。

1. "龟裂缝"滤镜

"龟裂缝"滤镜可以模拟在高凸现的石膏表面绘制图像的效果，并按着图像的轮廓产生精细的裂纹网。使用该滤镜可以对包含多种颜色值或灰度值的图像创建浮雕效果。如图7.90所示。

图7.90　龟裂缝

（1）裂缝间距：用于设置图像中生成的裂缝的间距，该值越小，裂缝越细密。

（2）裂缝深度 / 亮度：用于设置裂缝的深度和亮度。

2."颗粒"滤镜

"颗粒"滤镜可以使用常规、软化、喷洒、结块、斑点等不同种类的颗粒在图像中添加纹理。如图 7.91 所示。

图 7.91　颗粒

（1）强度 / 对比度：用于设置图像中加入颗粒的强度和对比度。

（2）颗粒类型：从该下拉列表中选择颗粒的类型。不同的类型效果会有所不同。

3."马赛克拼贴"滤镜

"马赛克拼贴"滤镜可以渲染图像，使它看起来像是由小的碎片或拼贴组成。然后加深拼贴之间缝隙的颜色。如图 7.92 所示。

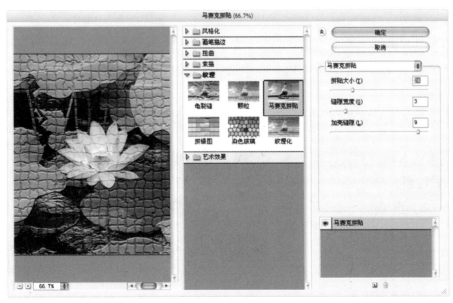

图 7.92　马赛克拼贴

（1）拼贴大小：用于设置图像中生成的块状的图形的大小。

（2）缝隙宽度：用于设置块状图形单元间的缝隙宽度。

（3）加亮缝隙：用于设置图形间缝隙的亮度。

> **注意**：在像素化滤镜组中也有一个"马赛克"滤镜，它可以将图像分解成各种颜色的像素块，而"马赛克拼贴"滤镜则用于将图像创建为拼贴块。

4."拼缀图"滤镜

"拼缀图"滤镜可以将图像分成规则排列的正方形块，类似于"十字绣"效果。每一个方块使用该区域的主色填充。该滤镜可随机减小或增大拼贴的深度，以模拟高光和阴影。如图 7.93 所示。

（1）方形大小：用于设置生成方块的大小。

（2）凸现：用于设置方块的凸出程度。

5."染色玻璃"滤镜

"染色玻璃"滤镜可以将图像重新绘制为单色相邻的单元格。色块之间的缝隙用前景色填充，使图像看起来像是彩色玻璃。如图 7.94 所示。

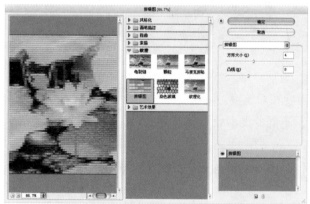

图 7.93　拼缀图

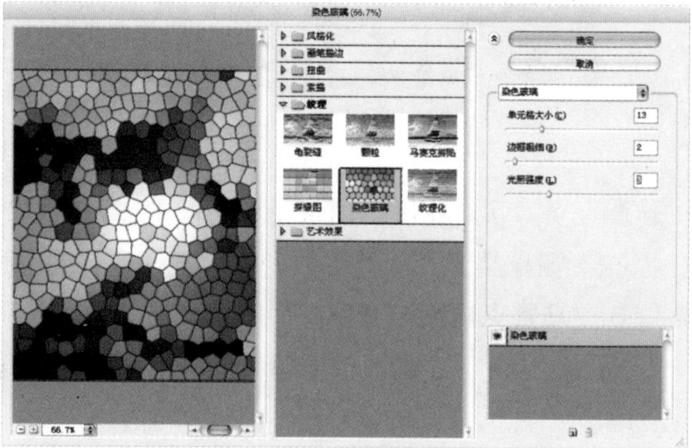

图 7.94　染色玻璃

（1）单元格大小：用于设置在图像中生成的色块的大小。

（2）边框粗细：用于设置色块边界的宽度。Photoshop 会使用前景色作为边界的填充颜色。

（3）光照强度：用于设置图像中心的光照强度。

6."纹理化"滤镜

"纹理化"滤镜可以生成各种纹理，在图像中添加纹理质感，可选择的纹理包括"砖形"、"粗麻布"、"画布"和"砂岩"，也可以单击"纹理"选项后面的 按钮，载入一个 PSD 格式的文件作为纹理文件。如图 7.95 所示。

图 7.95　纹理化

（1）缩放：用于设置纹理的缩放比例。

（2）凸现：用于设置纹理的凸出程度。

（3）光照：用于设置光线照射的方向。从下拉列表中进行选择。

（4）反相：选中该选项后，可以反转光线照射的方向。

7.2.13 "像素化"滤镜组

"像素化"滤镜组中包含7种滤镜。该组中的滤镜可以将图像转换成平面色块组成的图案，并通过不同的设置达到截然不同的效果。可以用于创建彩块、点状、晶格和马赛克等特殊效果。

1. "彩块化"滤镜

"彩块化"滤镜可以使纯色或相近颜色的像素结成像素块。使用该滤镜处理扫描的图像时，可以使其看起来像手绘的图像，也可以使用现实主义图像产生类似抽象派的绘画效果。该滤镜没有对话框。由软件自动完成。

2. "彩色半调"滤镜

"彩色半调"滤镜可以使图像变为网点状效果。先将图像的每一个通道划分出矩形区域，再以和矩形区域亮度比例的圆形替代这些矩形，圆形的大小与矩形的亮度成比例。高光部分生成的网点较小，阴影部分生成的网点较大。参数设置如图7.96所示。使用后的效果如图7.97所示。

（1）最大半径：用于设置生成的最大网点的半径。

（2）网角：用于设置图像各个原色通道的网点角度。根据图像的模式来选择通道的数量。如RGB模式，可以使用3个通道。

图 7.96　彩色半调

图 7.97　彩色半调对比

3. "点状化"滤镜

"点状化"滤镜可以将图像中的颜色分散为随机分布的网点，如同点状绘画效果，背景色将作为网点之间的画面区域。使用该滤镜时，可以通过单击格大小调节网点的大小。如图7.98所示。

4. "晶格化"滤镜

"晶格化"滤镜可以使图像中相近的像素集中到多边形色块中，产生类似结晶的颗粒效果。与点状化类似，使用该滤镜时，通过"单元格大小"来调节多边形色块的大小。如图7.99所示。

5. "马赛克"滤镜

"马赛克"滤镜可以使像素结为方形块，再给像素应

图 7.98　点状化

用平均的颜色，创建出马赛克效果。使用该滤镜时，可通过"单元格大小"调整马赛克的大小。如图 7.100 所示。

图 7.99　晶格化　　　　　　　　　图 7.100　马赛克

6. "碎片"滤镜

"碎片"滤镜可以把图像的像素进行 4 次复制，再将他们平均，并使其相互偏移，使图像产生一种类似于相机没有对准焦距所拍摄出的模糊的照片。该滤镜没有对话框，由软件自动计算生成。如图 7.101 所示。

7. "铜版雕刻"滤镜

"铜版雕刻"滤镜可以在图像中随机生成各种不规则的直线、曲线和斑点，使图像产生年代久远的金属板效果。如图 7.102 所示。

图 7.101　碎片　　　　　　　　　图 7.102　铜版雕刻

7.2.14 "渲染"滤镜组

"渲染"滤镜组中包含 4 种滤镜。该组中的滤镜用于在图像中创建云彩、折射和模拟光线等。是常用的制作特效的滤镜。

1. "云彩"和"分层"滤镜

"云彩"滤镜可以使用介于前景色与背景色之间的随机值生成柔和的云彩图案。如果按住 Alt 键，然后运行"云彩"命令，则可以生成色彩更加鲜明的云彩图案。该滤镜没有对话框，由软件自动生成。

"分层云彩"滤镜可以将云彩数据和现有的像素进行混合。其运算方式与"差值"模式类似。可以通过多次使用分层云彩滤镜得到理想的效果。该滤镜没有对话框，由软件自动生成。

2."光照效果"滤镜

"光照效果"滤镜是一个强大的灯光效果制作滤镜，包含 17 种光照样式、3 种光照类型和 4 套光照属性。如图 7.103 所示。

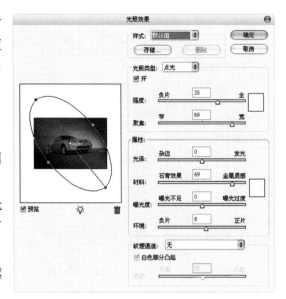

图 7.103 光照效果

（1）光照类型：分为"全光源"、"平行光"和"点光源"。从光照类型选项下拉列表中选择一种光源以后，可以在对话框左侧调整光源的位置和参数。

（2）强度：用于设置灯光的强度，该值越高光线越强。单击右侧的颜色块，可以选择光源的颜色。

（3）聚焦：可以调整灯光的照射范围。

（4）光泽：用于设置灯光在图像表面的反射程度。

（5）材料：用于设置反射的光线是光源色彩，还是图像本身的颜色。滑块靠近"石膏效果"时，反射光越接近光源色彩；反之越靠近"金属质感"时，反射光越接近反射体本身的颜色。

（6）曝光度：该值为正值时，可增加光照；为负值时，则减少光照。

（7）环境：当滑块靠近"负片"时，环境光越接近色样的互补色，滑块靠近"正片"时，则环境光越接近于设定的颜色。

3."镜头光晕"滤镜

"镜头光晕"滤镜可以模拟亮光照射到相机镜头所产生的折射，常用来表现玻璃、金属等反射的反射光，或是用来增强日光和灯光效果。如图 7.104 所示。

（1）光晕中心：在对话框中的图像缩略图上单击或拖动十字线，可以指定光晕的中心。

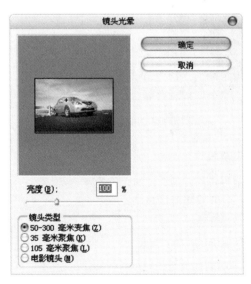

图 7.104 镜头光晕

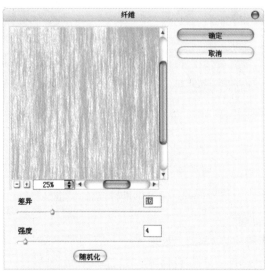

图 7.105 纤维

（2）亮度：用于控制光晕的强度。变化范围为 10%~300%。

（3）镜头类型：用于设置产生光晕的镜头类型，不同焦段产生的效果有所不同。

4."纤维"滤镜

"纤维"滤镜可以使用前景色和背景色随机创建纺织纤维效果。如图 7.105 所示。

（1）差异：用于设置颜色的变化方式，该值较低时会产生较长的颜色条纹，该值较高时会产生较短且颜色分布变化更大的纤维。

（2）强度：用于控制纤维的外观，该值较低时会产生松散的织物效果。该值较高时会产生短的绳状纤维。

（3）随机化：单击该按钮后，可随机生成新的纤维外观。

7.2.15 "艺术效果"滤镜组

"艺术效果"滤镜组中包含 15 种滤镜，它们可以模仿自然或传统介质效果。使图像看起来更贴近绘画或艺术效果。

1."壁画"滤镜

"壁画"滤镜使用短而圆的、粗略涂抹的小块颜料，以一种粗糙的风格绘制图像，使图像呈现一种古壁画般的效果。如图 7.106 所示。

（1）画笔大小：用于设置模仿壁画绘制时的画笔大小。

（2）画笔细节：用于设置图像细节的保留程度。

（3）纹理：用于设置添加纹理的数量，该值越高，绘画的效果越粗犷。

2."彩色铅笔"滤镜

"彩色铅笔"滤镜用于模拟彩色铅笔在纯色背景上绘制图像，可保留重要边缘，外观呈粗糙阴影线，纯色背景会透过平滑的区域显示出来。如图 7.107 所示。

图 7.106　壁画　　　　　　　　　　　　　　　　图 7.107　彩色铅笔

（1）铅笔宽度：用于设置铅笔线条的宽度，该值越高，铅笔线条越粗。

（2）描边压力：用于设置铅笔的压力效果，该值越高，线条越粗犷。

（3）纸张亮度：用于设置画纸纸色的明暗程度，该值越高，纸的颜色越接近背景色。

3."粗糙蜡笔"滤镜

"粗糙蜡笔"滤镜可以在带纹理的背景上应用蜡笔描边，在亮色区域，蜡笔看上去很厚，几乎看不见纹理，在深色区域，蜡笔似乎被擦去了，纹理会显露出来。如图 7.108 所示。

（1）描边长度：用于设置蜡笔经绘制的线条长度。

（2）描边细节：用于设置线条刻画细节的程度。

（3）纹理：从该选项下拉列表中选择一种纹理方式，可以单击选项右侧的 按钮，载入一个 PSD 格式的文件作为纹理文件。

（4）缩放／凸现：用于设置纹理大小的缩放程度和凸出程度。

（5）光照：用于设置粗糙蜡笔的光照方向。

4."底纹效果"滤镜

"底纹效果"滤镜可以在带纹理的背景上绘制图像，然后将最终图像绘制在该图像上。如图 7.109 所示。该滤镜的"纹理"等选项与"粗糙蜡笔"滤镜相应的选项类似，在此不再赘述。

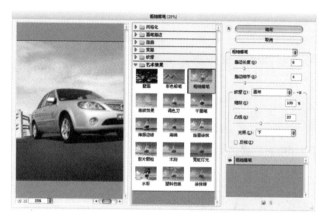

图 7.108　粗糙蜡笔　　　　　　　　　　　　图 7.109　底纹效果

5."调色刀"滤镜

"调色刀"滤镜可以减少图像的细节以生成描绘非常淡的画布效果。并显示下面的纹理。如图 7.110 所示。

（1）描边大小：用于设置图像颜色混合的程度。该值越高，图像越模糊；该值越小，图像越清晰。

（2）描边细节：用于设置图像边缘是否明显。该值越高，描边后的边缘越明确。

（3）软化度：用于设置图像的模糊程度。

6."干画笔"滤镜

"干画笔"滤镜用于模拟使用干画笔技术（介于油彩和水彩之间）绘制图像边缘，

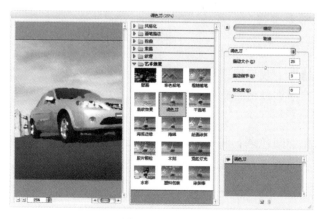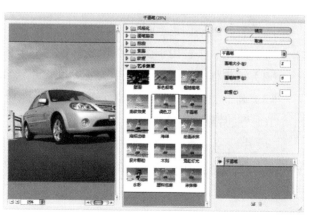

图 7.110　调色刀　　　　　　　　　　　　图 7.111　干画笔

并通过将图像的颜色范围降到普通颜色范围来简化图像。如图 7.111 所示。

（1）画笔大小：用于设置画笔的大小，该值越小，绘制的效果越细腻。

（2）画笔细节：用于设置画笔的细腻程度，该值越高，效果与原图像越接近。

（3）纹理：用于设置画笔纹理的清晰程度，该值越高，画笔的纹理越明显。

7. "海报边缘"滤镜

"海报边缘"滤镜可以按照设置的选项自动跟踪图像中颜色变化剧烈的区域，在边界上填入黑色的阴影，大而宽的区域有简单的阴影，而细小的深色细节遍布图像，使图像产生海报效果。如图 7.112 所示。

（1）边缘厚度：用于设置图像边缘像素的宽度，该值越高，轮廓越宽。

（2）边缘强度：用于设置图像边缘的强化程度。

（3）海报化：用于设置颜色的浓度。

8. "海绵"滤镜

"海绵"滤镜使用颜色对比强烈、纹理较重的区域创建图像，模拟海绵的绘画效果。如图 7.113 所示。

（1）画笔大小：用于设置模拟海绵画笔的大小。

（2）清晰度：用于调节海绵上的气孔的大小，该值越高，气孔的印记越清晰。

（3）平滑度：用于模拟海绵的压力，该值越高，画面的浸湿感越强，图像越柔和。

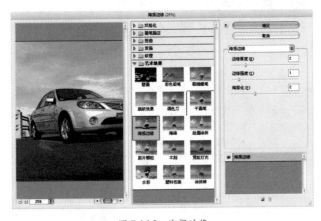
图 7.112　海报边缘

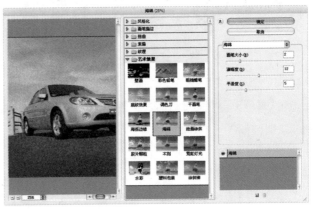
图 7.113　海绵

9. "绘画涂抹"滤镜

"绘画涂抹"滤镜可以使用简单的，未处理光照、暗光、宽锐化、宽模糊和火花等不同类型的画笔创建绘画效果。如图 7.114 所示。

（1）画笔大小：用于设置画笔的大小，该值越高，涂抹的范围越广。

（2）锐化程度：用于设置图像的锐化程度。该值越高，效果越锐利。

（3）画笔类型：可以在下拉列表中选择一种画笔类型来模拟绘画效果。

10. "胶片颗粒"滤镜

"胶片颗粒"滤镜可以将平滑的图案应用于阴影和中间色调，将一种更平滑、饱和度更高的图案添加到亮区。在消除混合的条纹和将各种来源的图像在视觉上进行统一时，非常实用。如图 7.115 所示。

图 7.114　绘画涂抹

图 7.115　胶片颗粒

（1）颗粒：用于设置生成颗粒的密度。

（2）高光区域：用于设置图像中高光的范围。

（3）强度：用于设置颗粒效果的强度。该值较小时，会在整个图像上显示颗粒；该值较高时，只在图像的阴影部分显示颗粒。

11.“木刻”滤镜

“木刻”滤镜可以使图像看上去像是从彩纸上剪下来的边缘粗糙的剪纸片组成的，高对比度的图像看起来呈剪影状，而彩色图像看上去是由几层彩纸组成的效果。如图7.116 所示。

（1）色阶数：用于设置简化后的图像色阶数量，该值越高，图像的颜色层次越丰富；该值越小，图像简化效果越明显。

（2）边缘简化度：用于设置图像边缘的简化程度。

（3）边缘逼真度：用于设置图像边缘的精确度。

12.“霓虹灯光”滤镜

“霓虹灯光”滤镜可以在柔化图像外观时给图像着色。在图像中产生彩色氛气灯照射的效果。如图 7.117 所示。

图 7.116　木刻

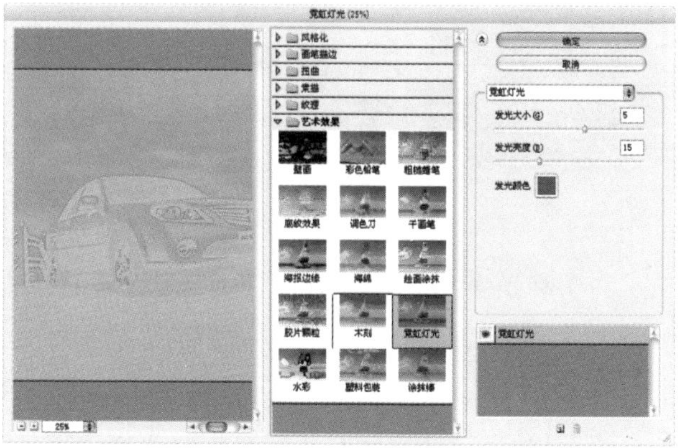

图 7.117　霓虹灯光

（1）发光大小：用于设置发光范围的大小，该值为正值时，光线向外发射；为负值时，光线向内发射。

（2）发光亮度：用于设置发光的亮度。

（3）发光颜色：用于设置发光的颜色。单击右侧和颜色块，可以在打开的对话框中进行设置。

13. "水彩"滤镜

"水彩"滤镜能够以水彩的风格绘制图像，它使用蘸了水和颜色的中号画笔绘制以简化细节，当边缘有显著的色调变化时，该滤镜会使颜色饱满。如图 7.118 所示。

图 7.118　水彩

（1）画笔细节：用于设置画笔的精确程度。该值越高，画面越精细。

（2）阴影强度：用于设置暗调区域的范围，该值越高，暗调范围越广。

（3）纹理：用于设置图像边界的纹理效果，该值越高，纹理效果越明显。

14. "塑料包装"滤镜

"塑料包装"滤镜可以给图像涂上一层光亮的塑料，以强调表面细节。类似于绘图像添加上了塑料包装纸效果。如图 7.119 所示。

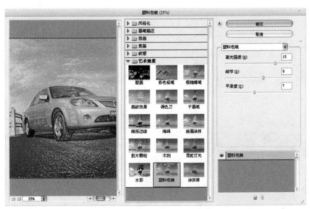

图 7.119　塑料包装　　　　　　　图 7.120　涂抹棒

（1）高光强度 / 细节：用于设置高光区域的亮度，以及高光区域细节的保留程度。

（2）平滑度：用于设置塑料效果的平滑程度。该值越高，塑料质感越强。

15. "涂抹棒"滤镜

"涂抹棒"滤镜使用较短的对角线涂抹图像中的暗部区域，从而柔化图像，亮部区域会因变亮而丢失细节，整个图像显示出涂抹扩散的效果。如图 7.120 所示。

（1）描边长度：用于设置图像中生成的线条的长度。

（2）高光区域：用于设置图像中高光范围的大小，该值越高，高光区域的范围就越广。

（3）强度：用于设置高光的强度效果。

7.2.16 "杂色"滤镜组

"杂色"滤镜组中包含 5 种滤镜。可以添加或去除图像中的杂色或带有随机分布色阶的像素，创建与众不同的纹理。也用于去除有问题的区域。

1."减少杂色"滤镜

"减少杂色"滤镜可基于影响整个图像或各个通道的用户设置保留边缘，同时减少杂色。如图 7.121 所示。如果在使用数码相机拍照时，使用较高的 ISO 设置，在曝光不足或光线较暗区域拍照，会产生很多颗粒。使用该滤镜可以有效去除杂色。

（1）设置：单击 按钮，可以将当前设置的调整参数保存为一个预设，以后需要使用该参数调整图像时，可以在"设置"下拉列表中来选择。从而对图像进行自动调整。如果要删除创建的自定义预设，可单击 按钮。

（2）强度：用于控制应用于所有图像通道的亮度杂色减少量。

（3）保留细节：用于设置图像边缘和图像细节的保留程度。当该值为 100% 时，可保留大多数图像细节，但会将亮度杂色减到最少。

（4）减少杂色：用于消除随机的颜色像素，该值越高，减少的杂色越多。

（5）锐化细节：用于对图像进行锐化。

（6）移去 JPEG 不自然感：选中该选项后，可以去除由于使用了低 JPEG 品质设置存储图像而导致斑驳的图像伪像和光晕。

2."蒙尘与划痕"滤镜

"蒙尘与划痕"滤镜可通过更改相异的像素来减少杂色，该滤镜用于去除扫描图像中的杂点和折痕。如图 7.122 所示。

图 7.121　减少杂色　　　　　　　　　　　　图 7.122　蒙尘与划痕

（1）半径：通过半径参数调节图像模糊的程度。值越高，模糊越强。

（2）阈值：用于设置定义的像素差异有多大才能被视为杂点。该值越高，去除杂点的效果越弱。

3."去斑"滤镜

"去斑"滤镜可以检测图像边缘发生显著颜色变化的区域，并模糊边缘外的所有选区。消除图像中的斑点，同时保留细节。对于扫描的图像，可以使用该滤镜进行去网处理。该滤镜没有对话框，由软件自动进行处理。

4. "添加杂色"滤镜

"添加杂色"滤镜可以将随机的像素应用于图像，模拟在调整胶片上拍照的效果。如图 7.123 所示。该滤镜可以用于减少羽化选区或渐变填充中的条纹，或经过重大修饰的区域看起来更加真实，或生成随机的杂色纹理底纹。

（1）数量：用于设置添加杂色的数量。

（2）分布：用于设置杂色的分布方式。选择"平均分布"时，会随机的在图像中加入杂点，生成的效果比较柔和；选择"高斯分布"时，会沿一条钟形曲线分布的方式来添加杂点，杂点效果较为强烈。

（3）单色：选中该选项后，杂点只影响原有像素的亮度，像素颜色不会发生变化。

5. "中间值"滤镜

"中间值"滤镜可通过混合选区中像素的亮度来减少图像的杂色。该滤镜可以搜索像素选区的半径范围以查找亮度相近的像素，扔掉与相近像素差异太大的像素，并用搜索到的像素的中间亮度值替换中心像素，在消除或减少图像的动感效果常用。如图 7.124 所示。

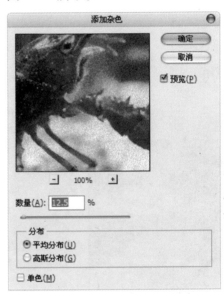

图 7.123　添加杂色

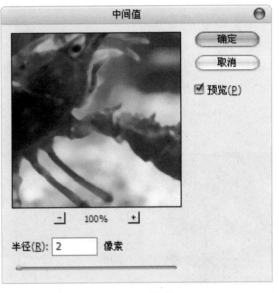

图 7.124　中间值

7.2.17　其他滤镜组

其他滤镜组中包含 4 种滤镜。在该组滤镜中，有允许用户自定义滤镜的命令，也有使用滤镜修改蒙版、在图像中使选区发生位移和快速调整颜色的命令。

1. "高反差保留"滤镜

"高反差保留"滤镜可以在有强烈颜色转变发生的地方按指定的半径保留边缘细节，并且不显示图像的其他部分。该滤镜通常用于从扫描图像中提取艺术线条和大的黑白区域。如图 7.125 所示。

半径：用于调整保留原图像的程度。该值越高，保留的原图像就越多，如果该值为 0，则整个图像会变为灰色。

2. "位移"滤镜

"位移"滤镜可以水平或垂直偏移图像，对于由偏移生成的空缺区域，还可以用不同的方式来填充。滤镜对话框如图 7.126 所示。

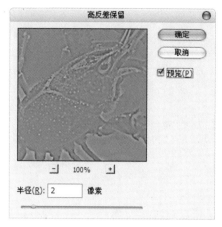

图 7.125　高反差保留

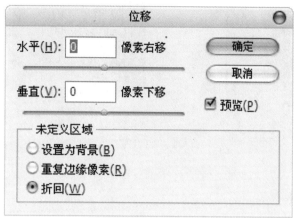

图 7.126　位移

（1）水平：用于设置水平偏移的距离。正值向右偏移，左侧留下空缺；负值向左偏移，右侧留下空缺。

（2）垂直：用于设置垂直偏移的距离。正值向下偏移，在上侧留下空缺；负值向上偏移，在下侧留下空缺。

未定义区域：用于设置偏移图像后产生的空缺部分的填充方式。

3. "自定"滤镜

"自定"滤镜是 Photoshop 为用户提供的可以自定义滤镜效果的功能。根据预定义的数学运算更改图像中每个像素的亮度值。该操作与通道的加、减计算类似。用户可以存储创建的滤镜，并将他们应用到 Photoshop 图像中。如图 7.127 所示。

图 7.127　自定

4. "最大值与最小值"滤镜

"最大值与最小值"滤镜可以在指定的半径内，用周围像素的最高或最低亮度值替换当前像素的亮度值。其中"最大值"滤镜具有应用阻塞的效果，可以扩展白色区域、阻塞黑色区域；"最小值"滤镜具有伸展的效果，可以扩展黑色区域、收缩白色区域。如图 7.128 所示。最大值滤镜常用于收缩蒙版，最小值滤镜常用于扩展蒙版。

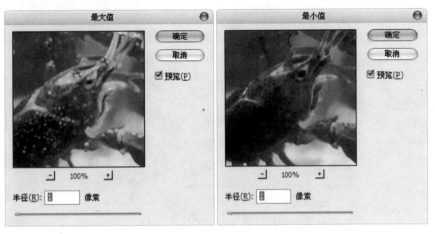

图 7.128　最大值与最小值

7.3　外挂滤镜

Photoshop 提供了一个开放的平台，因此产生了很多为 Photoshop 软件使用的外挂滤镜，也称第三方滤镜。外挂滤镜不仅可以轻松完成各种特殊效果，还能够创造出 Photoshop 内置滤镜无法实现的神奇果。因此备受广大 Photoshop 爱好者的青睐。

7.3.1　外挂滤镜安装

外挂滤镜的安装基本上类似，安装前需要将 Photoshop 软件关闭。安装到 Photoshop 软件中的"Plug-ins"目录下的"Filters"文件。如图 7.129 所示。或是根据需要选择滤镜文件安装的位置。滤镜文件格式通常为"*.8BF"。外挂滤镜安装完成后，重新运行 Photoshop 软件，在"滤镜"菜单底部可以看到安装后的效果。

7.3.2　Eye Candy 4000

Eye Candy 4000 是 Aline Skin 公司出品的滤镜，它包含 23 种滤镜，可以制作铬合金、闪耀、发光、水滴、玻璃等特效果。如图 7.130 所示。应用完滤镜后的部分效果。如图 7.131、图 7.132 所示。

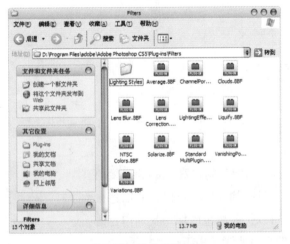

图 7.129　外挂滤镜位置　　　　　　图 7.130　Eye Candy 4000

图 7.131　编织效果　　　　　　　　　　　　　　图 7.132　漩涡效果

7.3.3　KnockOut 2.0

Corel 公司出品的专业去背景软件，连极细的毛发都能从复杂的背景中分离出来。Corel Knockout 是一套专门用来"去背"的创意软件（专业一点的术语是制作"遮罩"），所谓的去背，指的是将特定的主体从背景中抽离出来，以便进行其他的后续设计。例如，将人物从风景照之中抽离出来，以便更换背景。

1. 透明图像去背景

（1）首先，执行【文件】/【打开】命令，将需要去背的图像打开，按 Ctrl+J 组合键，复制背景层得到新图层。如图 7.133 所示。

图 7.133　打开文件

（2）执行【滤镜】/【KnockOut 2.0】/【载入工作图层】命令，启动 KnockOut 2.0 滤镜。如图 7.134 所示。

（3）选择工具箱中的外部对象按钮，在界面中沿瓶子的外部绘制边缘，生成闭合的选区。可以借助 Shift 键或 Alt 键进行选区的加或减。尽量让选区更精细些。如图 7.135 所示。

图 7.134　界面　　　　　　　　　　　　　　　图 7.135　外部描绘完成

（4）选择工具箱中的内部对象按钮，鼠标置到透明瓶子内部，按下 Ctrl 键，此时光标形状变为"图钉"样式，单击透明部分的高光区域。可以多次拾取。如图 7.136 所示。

（5）单击工具箱下方的应用按钮，可以进行去背效果的预览。如图 7.137 所示。

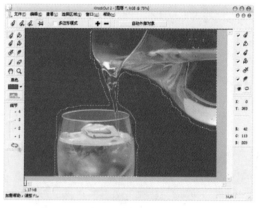

图 7.136　拾取内部对象　　　　　　　　　　　图 7.137　应用按钮

（6）可以根据需要，更改"底色"，查看去背的效果。KnockOut 滤镜应用完成后，执行"文件"菜单下的"应用"命令，返回到 Photoshop 软件。如图 7.138 所示。

图 7.138　应用效果

2. 毛发边缘图像去背

（1）首先，执行【文件】/【打开】命令，将需要去背的图像打开，按 Ctrl+J 组合键，复制背景层得到新图层。如图 7.139 所示。

图 7.139　打开文件

（2）执行【滤镜】/【KnockOut 2.0】/【载入工作图层】命令，启动 KnockOut 2.0 滤镜。选择工具箱上方的外部对象按钮 ，沿图像的外部边缘绘制选区，根据需要进行加或减选区。如图 7.140 所示。

（3）选择工具箱中的内部对象按钮 ，沿图像的内部区域进行绘制，确保建立的内部对象选区与外部对象选区不能重叠。内部选区以内是不需要 KnockOut 进行计算的区域，内部选区与外部选区的区域是需要 KnockOut 进行计算的区域。因此建立选区的精确与否，将会影响去背的精确程度。如图 7.141 所示。

图 7.140　建立外部区域　　　　　　　　图 7.141　内部区域与外部区域

（4）单击工具箱底部 按钮，可以通过细节选项，调节计算的精细程度。如图 7.142 所示。

（5）可以根据需要，更改"底色"，查看去背的效果。KnockOut 滤镜应用完成后，执行"文件"菜单下的"应用"命令，返回到 Photoshop 软件。如图 7.143 所示。

注意： 在使用 KnockOut 2.0 进行去背操作时，无论是透明背景还是毛发图像，都需要建立新图层。因为该滤镜不能作用于背景图层。

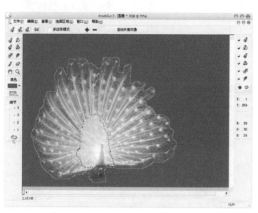

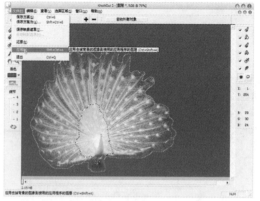

图 7.142　应用效果　　　　　　　　　　　　图 7.143　应用图像

7.3.4　Xenofex

Xenofex 是 Alien Skin 公司一款功能强大的滤镜软件，是各类图像设计师不可多得的好工具。Xenofex 2 在原先的 10 种特效基础上新增了 4 种新的滤镜，包括边缘燃烧、经典马赛克、星云特效、干裂特效、褶皱特效、电光特效、旗帜特效、闪电特效、云团特效、拼图特效、纸张撕裂特效、粉碎特效、污染特效、电视特效等。

1. 软件安装

安装前需要退出 Photoshop 软件，将外挂滤镜的文件复制到系统目录中。如图 7.144 所示。

2. 滤镜使用

启动 Photoshop 软件，启动"滤镜"菜单，从下拉列表中选择。如图 7.145 所示。

图 7.144　安装位置

图 7.145　执行滤镜

根据实际需要选择要应用的滤镜效果。如图 7.146、图 7.147 所示。

图 7.146　折皱效果

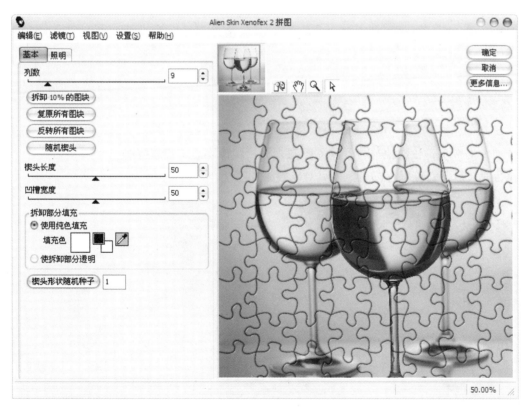

图 7.147　拼图效果

7.3.5　Neat Image

1. 软件介绍

Neat Image 是一款功能强大的专业图片降噪软件，适合处理 1600×1200 像素 以下的图像，非常适合处理曝光不足而产生大量噪波的数码照片，尽可能地减小外界对相片的干扰。Neat Image 的使用很简单，界面简洁易懂。输出图像可以保存为 TIF、JPEG 或者 BMP 格式。

2. 基本操作

（1）首先需要将软件安装，根据软件中的安装向导进行。完成后可以直接启动。如图 7.148 所示。

图 7.148　界面

（2）根据上方选项卡的顺序，依次执行打开输入图像、分析图像噪点、设置降噪参数、输出图像。执行完成后。直接保存即可。前后对比效果如图 7.149 所示。

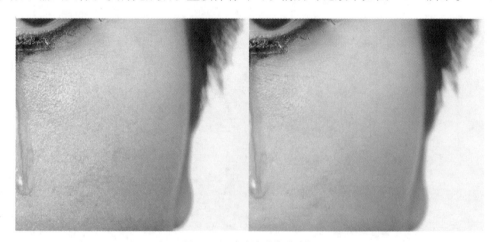

图 7.149　皮肤降噪前后对比

7.4　滤镜实例

7.4.1　爆炸效果

（1）新建一个空白的 500×500 像素的文件。执行【滤镜】/【杂色】/【添加杂色】命令，对当前文件进行添加杂色操作。具体参数如图 7.150 所示。

（2）执行【图像】/【调整】/【阈值】，设置参数。如图 7.151 所示。

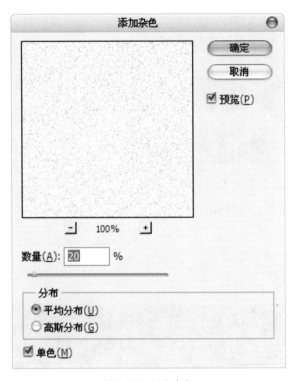

图 7.150　添加杂色

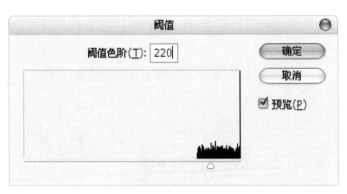

图 7.151　阈值

（3）执行【滤镜】/【模糊】/【动感模糊】命令，设置参数。如图 7.152 所示。

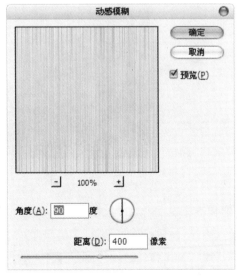

图 7.152　动感模糊

（4）执行【图像】/【调整】/【反相】命令或按 Ctrl+i 组合键，将图像进行反相操作。在工具箱中选择线性渐变工具，填充内容为"前景色到背景色"，属性栏中的模式改为"滤色"，按 D 键，设置默认的前 / 背景色，然后在图像窗口中由下到上拖动鼠标绘制渐变颜色。如图 7.153 所示。

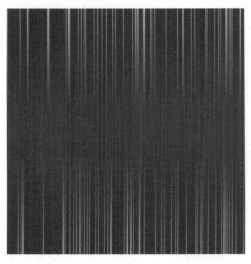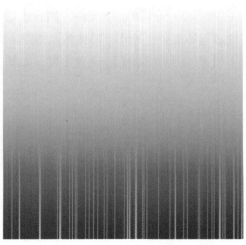

图 7.153　渐变填充前后效果对比

（5）执行【滤镜】/【扭曲】/【极坐标】命令，将图像进行极坐标扭曲变形操作。如图 7.154 所示。

（6）执行【滤镜】/【模糊】/【径向模糊】命令，生成图像的放射状效果。参数如图 7.155 所示。

图 7.154　极坐标

图 7.155　径向模糊

（7）执行【图像】/【调整】/【色相 / 饱和度】命令。参数如图 7.156 所示。

（8）在图层面板中，单击底部的新建图层按钮，执行【滤镜】/【渲染】/【云彩】命令，在图层面板中，将图层 1 的混合模式改为"颜色减淡"。得到效果如图 7.157 所示。可以多次执行【滤镜】/【渲染】/【分层云彩】命令。直到满意结果为止。

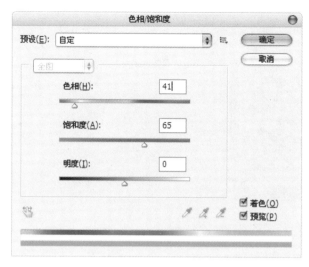

图 7.156　包相饱和度

图 7.157　颜色减淡

7.4.2　彩色纸屑

（1）新建一个 800×800 像素的文件，在图层面板中，单击图层底部的 按钮，在工具箱中选择"文字蒙版"工具，字体选择黑体，在页面中输入"彩色纸屑"四个字。如图 7.158 所示。

（2）按 Q 键进入到快速蒙版模式，执行【滤镜】/【扭曲】/【波纹】命令，参数如图 7.159 所示。按 Ctrl+Alt+F 组合键，再次打开"波纹"滤镜，数量为 300，大小为"小"。按 Q 键返回正常模式。

图 7.158　输入文字

图 7.159　波纹

（3）用黑色填充当前选区，执行【滤镜】/【杂色】/【添加杂色】命令，参数如图 7.160 所示。

（4）执行【滤镜】/【像素化】/【晶格化】命令，参数如图 7.161 所示。

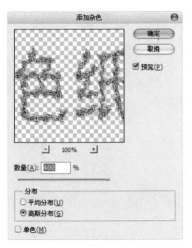

图 7.160　添加杂色

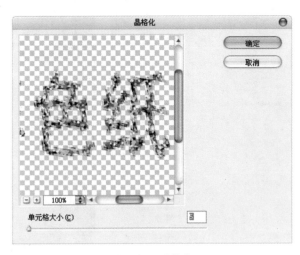

图 7.161　晶格化

（5）按 Ctrl+E 组合键将图层进行合并，执行【图像】/【调整】/【可选颜色】命令，如图 7.162 所示。按 Ctrl+D 组合键取消选区。得到最后的彩色纸屑效果。如图 7.163 所示。

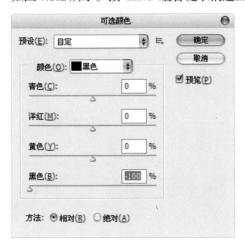

图 7.162　可选颜色

图 7.163　彩色纸屑效果

7.4.3　绘图工具

Word 中提供了图形的绘制工具，可以通过这些绘制工具灵活的绘制图形，如流程图等。通过【插入】/【图片】/【绘制新图形】和【自选图形】选项可以启动各种绘图工具。或者单击【视图】/【工具栏】，从列表中选择【绘图】，将【绘图】工具栏打开，如图 7.164 所示。

图 7.164　【绘图】工具栏

7.5　本章小结

本章中对图形的插入、编辑功能作了详细的介绍，读者通过本章的学习后可以动手创建出精美的图文混排文档。Office 中还提到了其他的图形对象，如艺术字等，其具体的用法将在后面 PowerPoint 2003 的讲解中涉及。

本章中还讲解了表格的制作方法，用以创建 Word 文档中经常用到的各类表格。

第8章

综合实例

8.1　数码照片的后期处理

8.1.1　普通照片特效的添加

1. 快速制作翻转冲印效果

（1）打开素材图片，为其建立一个副本，对其副本进行编辑，如图8.1所示。

图 8.1　建立副本

（2）切换到通道面板，选中蓝色通道，并保持混合通道可见，以观察调整效果，面板如图8.2所示。

图 8.2　选择通道

（3）执行图像/应用图像命令，参数设置如图8.3所示。

图8.3 应用图像参数

（4）按照前一步选中绿色通道，执行应用图像命令，参数如图8.4所示。

图8.4 选择绿色通道

（5）选择红色通道，执行应用图像命令，参数效果如图8.5所示。

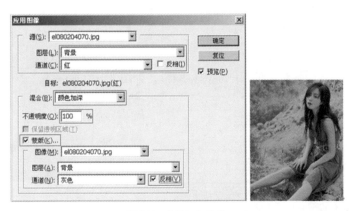

图8.5 选择红色通道

（6）选择混合通道，调出色阶面板，分别对三个通道做单独调整，参数如图8.6所示。

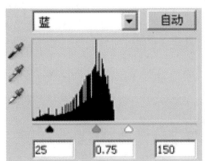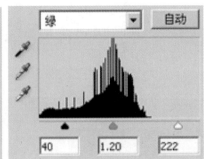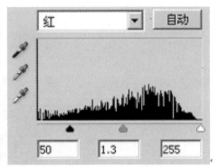

图8.6 调整三个通道

（7）分别执行亮度／对比度命令和色相／饱和度命令。参数如图 8.7 所示。

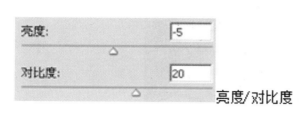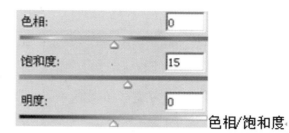

图 8.7　调整亮度／对比度和色相／饱和度

由于执行了上述命令后，对比度和饱和度都产生了极大的变化，可能造成图像细节的丢失，所以，可以使用暗调／高光命令对其进行简单的调整，得到最终效果如图 8.8 所示。

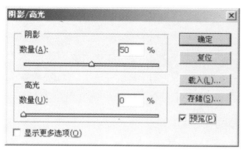

图 8.8　最终效果

2. 使用技巧

借助动作面板的作用，对刚才使用的操作进行动作的录制，以后就可以针对不同的图片使用同一个命令。

（1）调出动作面板，单击创建新组命令，面板如图 8.9 所示。

（2）自定义名称后，在新组中单击 ⬜ 按钮新建动作，此时面板中的 ⚫ 按钮为按下状态，然后执行上述调整的命令，得到所有动作，如图 8.10 所示。

图 8.9　动作面板　　　　　　　　　图 8.10　新建动作

（3）单击█按钮，结束动作的录制，然后调入新图片，单击▶按钮，系统会根据刚才录制的动作快速处理，效果如图 8.11 所示。

处理前

处理后

图 8.11 进行动作处理

（4）单击面板选项按钮，执行存储命令，面板如图 8.12 所示。

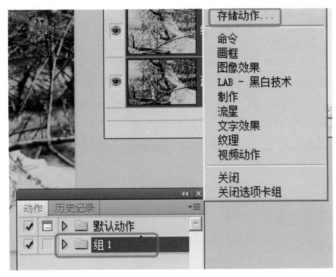

图 8.12 存储面板

（5）选择合适路径，使得动作保存为一个独立的文件，这样，用户就可以在不同的电脑上执行相同的操作了。

3. 皮肤颜色的美化

（1）打开素材图片，如图 8.13 所示。

（2）将背景进行复制后，切换到通道面板，选择蓝色通道，按 Ctrl+A 进行全选，并执行复制，将其粘贴到图层中，将混合模式设为"正片叠底"，并将其不透明度更改为 83%，效果如图 8.14 所示。

（3）混合后初步效果已经呈现，但是嘴唇的细节部位仍需调整，选择橡皮工具，参数设定以及设置效果如图 8.15 所示。

图 8.13 原图

图 8.14 初步混合效果

参数设置 效果

图 8.15 调整嘴唇

（4）执行 Ctrl+Shift+Alt+E（盖印），得到图层 3，将图层 3 进行复制，执行滤镜 /
模糊 / 高斯模糊，参数设置如图 8.16 所示。

（5）按住 Alt 键，单击创建蒙版按钮，创建黑蒙版，选中黑蒙版，使用白色画笔
在全身皮肤处进行涂抹，以得到较细腻的皮肤效果，如图 8.17 所示。

图 8.16 高斯模糊

图 8.17 调整皮肤

（6）此时皮肤显得更加细腻了，满意后，将两个图层进行合并处理；再次切换到
蓝色通道，将其进行复制，得到蓝色副本，然后执行两次图像 / 应用图像命令，参数
不做任何调整，调出色阶面板，输入 0，1.62，211。参数以及效果如图 8.18 所示。

（7）再次将蓝色副本的对比度加大，然后使用黑色画笔将皮肤以外的大多数区域
涂抹成黑色，这样操作的目的，是为了在进行进一步修饰皮肤的时候，不至于影响到
衣服之类；按住 Ctrl 键，单击通道，载入当前选区，效果如图 8.19 所示。

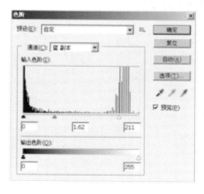

图 8.18 色阶调整

图 8.19 进一步修饰皮肤

（8）红色标记处为调整时变化最明显的地方。回到图层面板，单击创建调整层按
钮，选择曲线命令，参数设置及效果如图 8.20 所示。

（9）创建亮度对比度调整层，进行简单调整，得到最终效果如图 8.21 所示。

图 8.20　曲线参数　　　　　　　　　　　　　　　图 8.21　最终效果

8.1.2　婚纱照的后期处理

1. 婚纱照的合成

此类商业案例处理主要是抠图和调色技巧的综合应用。

（1）打开人物素材图片，按照前面的叙述提取人物（仍然还是使用通道的方式进行提取），如图 8.22 所示。

8.22　提取人物的效果

（2）打开背景图片，如图 8.23 所示。

图 8.23　背景图片

（3）将处理好后的人物拖动到画面中，大小、位置通过 Ctrl+T 进行相应的调整，如图 8.24 所示。

（4）载入另外的素材，放到相应位置，大小调整合适，如图 8.25 所示。

图 8.24　人物与背景结合

图 8.25　添加其他素材

（5）建立色彩平衡调整层和曲线调整层，调整参数如图 8.26、图 8.27 所示。

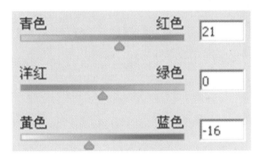

图 8.26　色彩平衡调整参数

图 8.27　调整色彩和曲线

（6）最终得到需要的效果，效果如图 8.28 所示。

图 8.28　最终效果

2. 婚纱照片的色调处理——低饱和水墨画效果

（1）打开婚纱素材，如图 8.29 所示。

图 8.29　原图

（2）第一步先将整体的画面进行对比度的增加，使用曲线工具得到下述效果，如图 8.30 所示。

（3）此时使用魔术棒工具并将选项中的"连续"勾选取消掉，单击图像的高光区域，快速将图中的高光区域制作成选区，如图 8.31 所示。

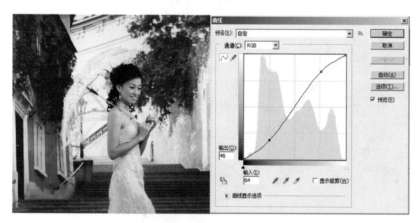

图 8.30　使用曲线工具

图 8.31　将高光区域制作成选区

（4）执行 Ctrl+J 提取图形，然后将其高光部分继续提亮，此时可以使用曲线工具进行精细调整，效果如图 8.32 所示。

（5）从图中我们看出来有些区域是曝光过度的，此时为"图层 1"建立蒙版，将画笔的不透明度改为 40%，然后在出现曝光过度的区域上进行涂抹，效果如图 8.33 所示。

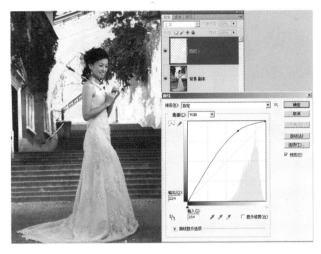

图 8.32　精细调整

图 8.33　调整曝光过度区域

（6）在现有图层的最上方建立一个通道混合器调整层，并直接勾选"单色"，参数以及效果如图 8.34 所示。

图 8.34　通道混合器调整

（7）使用画笔工具，降低不透明度，在现有通道混合器图层的蒙版中进行涂抹，效果如图 8.35 所示。

（8）此时低饱和度的基本效果已经出现，但还需要进一步对其对比度进行加强，所以将整个图层全选，执行快捷键 Ctrl+Shift+C，进行合并复制，然后执行 Ctrl+V 粘贴到新的图层中；将得到的新图层的混合模式更改为柔光，效果如图 8.36 所示。

图 8.35　再次调整

图 8.36　加强对比度

（9）再次使用蒙版工具将图像中曝光过度的区域进行部分隐藏；使用曲线工具对其对比度再次进行调整，效果如图 8.37 所示。

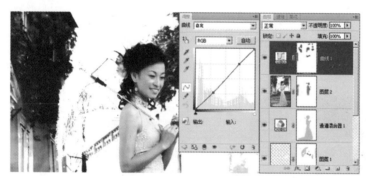

图 8.37　进一步调整曝光过度区域和对比度

（10）建立色相／饱和度调整层，将其饱和度再次降低，参数以及效果如图 8.38 所示。

图 8.38　调整饱和度

（11）前后效果对比如图 8.39 所示。

图 8.39　最终效果对比

婚纱在处理的时候有很多的色调关系效果，有待用户自己去挖掘和总结。

8.2　平面设计商业案例

8.2.1　LOGO 设计

现在的商业 LOGO 设计已经成为一个非常热门的设计领域，以其为首的 VIS 设计（企业识别系统设计）更是市场上的主流设计行业，所以把握软件的同时更要把握商业命脉和主导行业的力量。

（1）首先，新建画布，选择 A4 的纸张类型，如图 8.40 所示。

图 8.40　新建画布

（2）在打开的文档中选择文本工具，字体选择"汉真广标"字体，大小任意定制，写下文本的初步效果，如图 8.41 所示。

图 8.41　写出文本

（3）对其文本属性设置参数如图 8.42 所示。

图 8.42　设置文本属性参数

（4）按 Ctrl+T 键，并且配合着 Shift+Ctrl 键，拖动上方中间的控制点，将文本水平倾斜，如图 8.43 所示。

（5）为了对其进行编辑，可以将其文本转换成图片，方法是右击文本层，选择"栅格化"命令，图层将由文本层转换成普通的图层，图层效果如图 8.44 所示。

图 8.43　倾斜文本

图 8.44　图层转换后效果

（6）将其颜色换成事先准备好的标准色；然后删除掉文本的一部分（手工设计缺少的部分）；选择钢笔工具，在文字的细节上进行绘制，绘制完毕后，按 Ctrl+Enter 将路径转为选区，并执行填充颜色；效果如图 8.45、图 8.46 所示。

图 8.45　删除后的效果

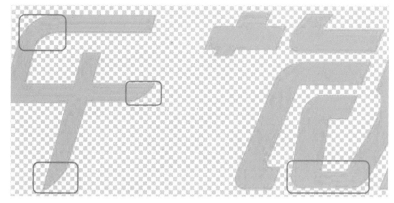

图 8.46　红线标注处为钢笔修饰部分

（7）再次选择钢笔工具，绘制图形轮廓，转换成选区，填充颜色，得到如图 8.47 效果。

图 8.47　转换选区填充颜色

（8）继续使用钢笔工具，绘制如图 8.48 所示区域，填充颜色，得到笑脸的效果。

图 8.48　绘制笑脸区域

（9）使用钢笔工具，绘制外围轮廓，选择画笔设置画笔的硬度和大小，调出【路径】面板，单击"用画笔描边路径"命令，实现进一步效果，如图 8.49、图 8.50 所示。

图 8.49　描边

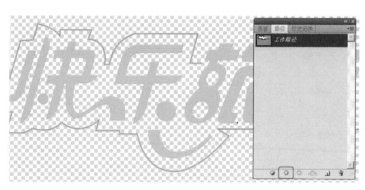

图 8.50　画笔描边效果

（10）最后，使用一种 POP 字体直接在右下方写上 LOGO 的英文表示，得到最终效果如图 8.51 所示。

图 8.51　最终效果

（11）利用上述方法我们还可以做出第二套方案来，效果如图 8.52 所示。

图 8.52　第二套方案效果

8.2.2　商用 VIP 卡片制作

商用 VIP 卡片设计和名片设计是一样的，要注意尺寸的把握、出血线的标注以及烫金或烫银效果的表现。

（1）新建画布，参数如图 8.53 所示。

（2）在已经建好的画布中调出标尺工具（Ctrl+R），然后为其拖出横向两条、纵向两条辅助线，进行定位，如图 8.54 所示。

图 8.53　新建画布

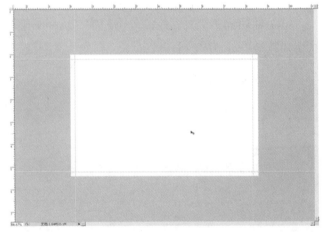

图 8.54　定位

（3）选择渐变填充工具，颜色设置如图 8.55 所示。

（4）设置完颜色后，对整个画布进行由上至下的渐变填充，效果如图 8.56 所示。

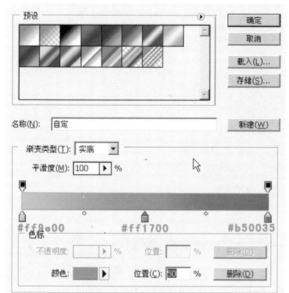

图 8.55　颜色设置　　　　　　　　　　　　　　　图 8.56　渐变填充

（5）背景处理完后，打开素材"花 .jpg"并将其拖入到画布中；将其混合模式调整为"滤色"，并将所在层的不透明度调整为 53%，效果如图 8.57 所示。

图 8.57　加入素材

（6）打开素材"矢量人物 .jpg"将其放置到画布的左边；将混合模式调整为"正片叠底"，不透明度改为 73%；为其建立白色蒙版，将多余的部分进行隐藏；利用【色相 / 饱和度】命令将其颜色进行调整，直到和背景的色调相一致，整体效果如图 8.58、图 8.59 所示。

图 8.58　加入人物　　　　　　　　　　　　　　　图 8.59　进行调整

（7）将素材"LOGO.jpg"拖入画布，混合模式更改为"正片叠底"，效果如图 8.60 所示。

图 8.60　加入 LOGO

（8）使用同样的方法，可以将其他素材拖入其中，进行混合模式的设置，得到效果如图 8.61 所示。

（9）为卡片添加图片的文字内容，具体参数参见光盘源文件，效果如图 8.62 所示。

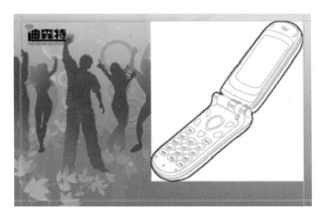

图 8.61　加入其他素材

（10）为文字添加图层样式，所有参数参见光盘源文件；使用钢笔绘制一条直线，然后选择画笔工具，将前景色设置为白色，笔触大小为 2，硬度为 100%；切换到路径面板，使用画笔描边工具 对直线进行描边，效果如图 8.63 所示。

图 8.62　添加文字　　　　　　　　　　　　图 8.63　为文字添加图层样式

（11）为所有的文字添加图层样式，使其更加的醒目、美观，效果如图 8.64 所示。

图 8.64　最终效果

（12）根据上面所述步骤，大家可以自己制作出 VIP 卡的背面效果，如图 8.65 所示。

图 8.65　VIP 卡背面效果

8.2.3　店招的制作

随着电子商务发展，网站已经深入人心，所有的企业都会为自己建立网站。而一个网站的最重要部分莫过于顶端的店招部分。一个好的店招是在有限空间里将企业的各种信息表达的淋漓尽致，并且还要有一定的观赏价值。

（1）首先，建立一个画布，950×150 像素，将光盘提供的"背景 .jpg"拖入其中，根据需要调整位置和大小，如图 8.66 所示。

图 8.66　背景

（2）然后，整个画布未被完全填充上，使用矩形选取框工具由上至下绘制一选区，切换到移动工具，按 Alt+Shift+ 右箭头按键，使得空白处填充完毕，效果如图 8.67 所示。

图 8.67　填充空白处

（3）将色调进行调整（要符合整个网站的主色调）；利用选区工具和填充颜色等工具，将眼睛掩盖住；将"装饰 1.jpg"拖入画布，并将其混合模式更改为叠加，如图 8.68 所示。

图 8.68　调整效果

（4）打开"手机 .jpg"素材，拖动到画布中，将其进行色相的调整；通过 Ctrl+T 对当前素材进行倾斜处理；将图层的混合模式调整为"正片叠底"，并将不透明度更改为 15%，得到如图 8.69 所示效果。

图 8.69　调整色相

（5）打开素材"光 .jpg"，拖动到画布中后，执行缩小，并放置到右边位置；将混合模式调整为"滤色"，如图 8.70 所示。

图 8.70　加入"光"素材

（6）打开"迪森特 LOGO.jpg"，使用魔术棒将白色部分全部选中，反选后提取出文本；将文本拖至文档中的适当位置，提取和成后的效果如图 8.71 所示。

图 8.71　加入文本

（7）选择 LOGO 标志所在层，双击缩略图，调出图层样式面板，分别选择［外发光］、［斜面和浮雕］以及［描边］选项进行调整参数以及效果如图 8.72 所示。

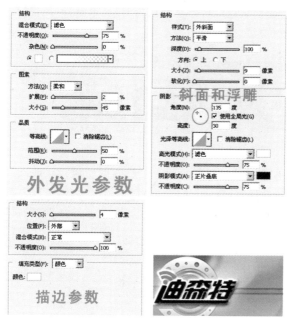

图 8.72　调整参数

（8）打开素材"手机 2.jpg"，利用魔术棒，将手机提取出来；再次选择钢笔工具将手机的上方单独提取出一个来，以备后面使用，效果如图 8.73 所示。

图 8.73　加入"手机"素材

（9）将图层 1 和 2 拖至文档中，大小缩放到适当，位置摆好；将手机上半部分再复制一次，使用 Ctrl+T 将其旋转到合适位置，效果如图 8.74 所示。

图 8.74　加入旋转效果

（10）再将"人物 .jpg"图片打开，按照前面所说的方法将其调整到最佳状态，同时为图像添加更多的细节，效果如图 8.75 所示。

图 8.75　加入其他细节

（11）为其添加网站名称，字体选择"汉真广标"；使用图层样式增加文字的质感，效果如图 8.76 所示。

图 8.76　添加网站名称

（12）再次添加说明性文字，并用图层样式为其添加效果，最终效果如图 8.77 所示。

图 8.77　最终效果

8.2.4　商业效果图后期处理

近年来，房产市场的灼热也使得效果图设计市场出现了前所未有的火热。当今的市场除了常规的要求，即所有的效果图必须接近或是完全符合现实的要求之外，还要考虑时间的效率问题，所以，当设计师花费漫长的时间将模型渲染完毕后，有些细小的瑕疵便可以通过 Photoshop 进行处理了；当然，有时候为了加快模型渲染的速度，只对主题物体进行渲染，后期进行配景的添加，以实现自然的效果，效果如图 8.78 所示。

图 8.78　后期添加背景

还可以通过软件强大的调整功能，对现有的图像的色彩进行详细的后期调整，以达到最适合的效果，效果如图 8.79 所示。

图 8.79　后期调整对比

下面我们就一个室外场景的效果进行后期设置的演示。

（1）首先打开素材图片，如图 8.80 所示。

图 8.80　原图

（2）可以根据实际的需要，利用色阶工具对现有建筑进行明暗以及色调的设置。

在渲染模型的时候，使用单独的颜色将模型制作成一个新的效果图，当然大小和相机的角度一定要相同，统称这样的图像为 ID 通道图，效果如图 8.81 所示。

图 8.81　ID 通道图

（3）利用 ID 通道选择正面窗户，并执行提取；利用色阶工具将其亮度提升少许，并利用其中的蓝色通道为其添加更多的蓝色，效果如图 8.82 所示。

图 8.82　对正面窗户进行调整

（4）同样的操作，将屋顶进行相应处理，效果如图 8.83 所示。

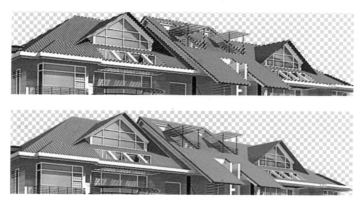

图 8.83　对屋顶进行调整

（5）在保证选区未取消的前提下，使用白色画笔（将笔触硬度降至最低），在新层中涂抹模拟雪，得到如图8.84所示。

图 8.84　模拟雪

（6）载入房屋边缘，填充白色，效果如图8.85所示。

图 8.85　房屋边缘填充白色

（7）选择一幅室内图片，拖入文档，将其位置和大小进行详细调整；利用ID通道载入窗户的选区，然后单击添加蒙板按钮，隐藏多余部分，降低不透明度，得到如图8.86所示效果。

添加蒙板

降低不透明度

图 8.86　添加室内图片

（8）选择一张天空的背景图片，为模型添加天空的效果，效果如图8.87所示。

（9）如果您对天空的层次感不太满意，可以再次拖入"云 .psd"素材；重叠后，将云的混合模式改为"柔光"，得到如图8.88所示效果。

图 8.87　添加天空效果

图 8.88　添加云效果

（10）继续为其添加背景，并适当降低不透明度，营造气氛，效果如图8.89所示。

图 8.89　添加背景

（11）将背景树拖入其中，放好位置，如图8.90所示。

图 8.90　添加树

（12）将路拖入画布中，并使用蒙板工具对多余的部分进行简单的隐藏；再次添加真实的雪地，效果如图8.91所示。

图 8.91　添加路

（13）继续添加树木的背景，让环境更加的符合要表达的气氛，效果如图8.92所示。

图 8.92　继续添加树木

（14）将枯树素材拖入画布；进行复制图层操作；然后载入下面层中的树的选区，执行填充白色操作，得到如图 8.93 所示效果。

图 8.93　加入枯树素材并调整

（15）添加人物配景，使得场景中更加有生活气息，效果如图 8.94 所示。

图 8.94　加入人物配景

（16）将枯树 2 拖入画布，营造遮挡效果，如图 8.95 所示。

图 8.95　营造遮挡效果

（17）建立一个色相 / 饱和度的调整层，对整体进行色调的调整，达到最终的效果，如图 8.96 所示。

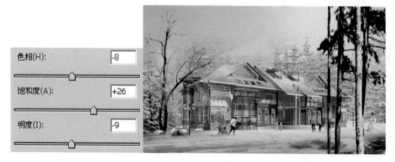

图 8.96　最终效果

8.2.5 海报的制作

（1）新建画布，参数如图 8.97 所示。

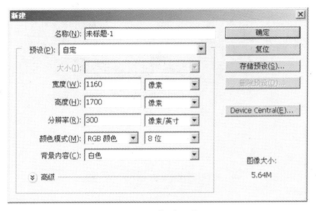

图 8.97　新建画布

（2）打开光盘提供素材"背景 1.jpg"，并将其拖入新建画布；利用缩放工具将其放大，再将"背景 2.jpg"放入文档中，形成新的图层，效果如图 8.98 所示。

（3）为背景 2 所在图层建立蒙版，选择画笔工具，并将前景色设置为黑色，画笔的硬度调整到最低，开始在蒙版中进行涂抹，效果如图 8.99 所示。

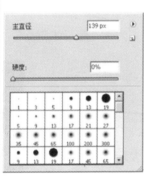

图 8.98　加入背景　　　　　　　　　　　图 8.99　调整背景

（4）调入人物素材，并将其转换为智能对象，效果如图 8.100 所示。

（5）建立蒙版后，执行涂抹，使得人物图像融入背景中，效果如图 8.101 所示。

图 8.100　调入人物素材　　　　　图 8.101　使人物图像融入背景

（6）依照前面所述方法，将其他素材依次打开并进行相应的操作，得到如图 8.102 所示效果。

（7）单击图层面板的  按钮，为所有图层添加色相/饱和度效果，设置参数如图 8.103 所示。

图 8.102　加入其他素材

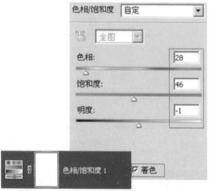

图 8.103　添加色相/饱和度

（8）最后使用文字工具为其添加文字，得到最终效果，如图 8.104 所示。

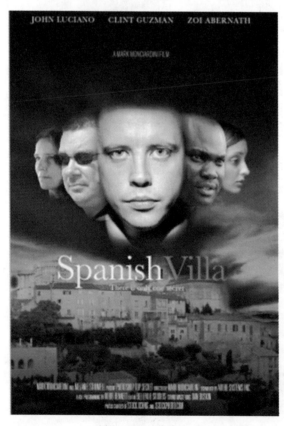

图 8.104　最终效果

196

8.3 商业插画绘制

（1）新建任意大小画布，背景定义为纯白色，开始进行绘制。

（2）首先绘制卡通人物的脸部结构。

（3）选择钢笔工具，绘制头部基本轮廓，效果如图 8.105 所示。

（4）然后新建图层，绘制嘴的轮廓（以后每添加一个元素都要在新的图层中进行绘制，以便今后可以进行重复编辑），效果如图 8.106 所示。

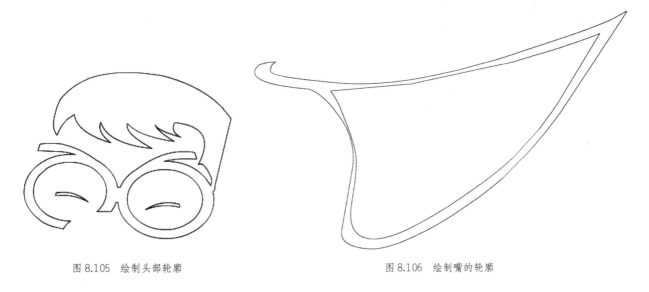

图 8.105　绘制头部轮廓　　　　　　　　　　　　　　　图 8.106　绘制嘴的轮廓

（5）继续选择钢笔工具，绘制其他五官的轮廓，效果如图 8.107 所示。

（6）绘制脸部轮廓，得到如图 8.108 所示效果。

图 8.107　绘制其他五官轮廓　　　　　　　　　　　　　图 8.108　绘制脸部轮廓

（7）将不同的区域进行选区的转换，然后填充相应的颜色，值得注意的是很多的细节为了表现出真实的效果，可以适当地使用一些渐变颜色，效果如图 8.109 所示。

（8）绘制人物的身体部分，如图 8.110 所示。

图 8.109　填充相应颜色

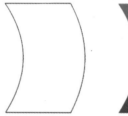

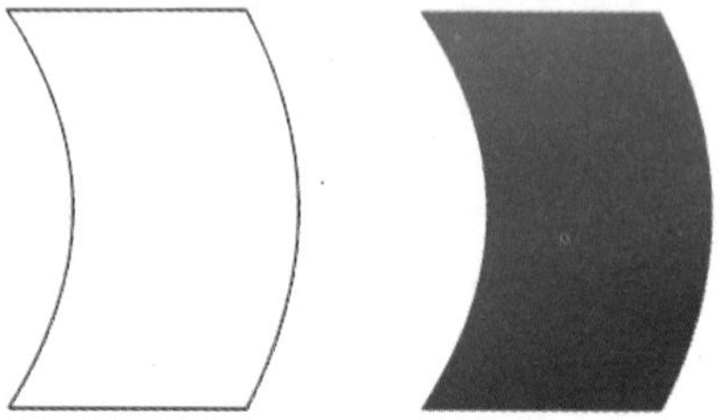

图 8.110　绘制人物身体

（9）绘制手臂，效果如图 8.111 所示。

（10）绘制另外的一个手臂，效果如图 8.112 所示。

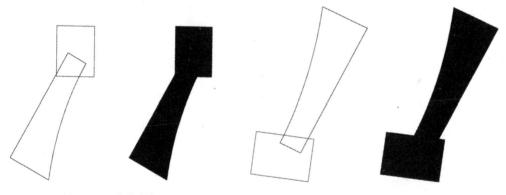

图 8.111　绘制手臂

图 8.112　绘制另外一个手臂

（11）根据上述操作，将整个大臂和小臂绘制完成后，并进行拼合，效果如图 8.113 所示。

（12）绘制超人的徽标，效果如图 8.114 所示。

图 8.113　拼合手臂

图 8.114　绘制超人徽标

（13）绘制红斗篷，效果如图 8.115 所示。

（14）绘制内裤效果，如图 8.116 所示。

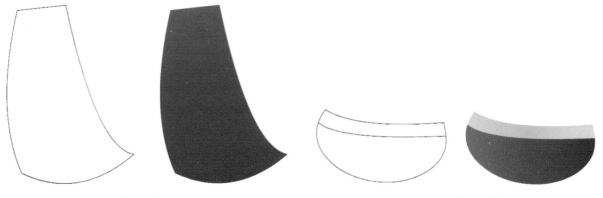

图 8.115　绘制红斗篷　　　　　　　　　　　　图 8.116　绘制内裤效果

（15）绘制人物的腿和脚的部分，如图 8.117 所示。

（16）最后，将所有的绘制效果进行统一的位置、大小以及角度的调整，得到完整的插画人物效果，如图 8.118 所示。

图 8.117　绘制腿和脚　　　　　　　　　　图 8.118　最终效果

（17）最后，可以将所有图层进行合并，并转换成智能对象，到此为止，这个插画人物就可以应用到任何的场景中了。

（18）依照上述操作过程，用户还可以自己绘制需要的插画，如图 8.119 所示为另外使用软件绘制的机器人效果。

图 8.119　机器人效果